中等职业教育专业技能课教材
中等职业教育建筑工程技术专业规划教材

装配式混凝土建筑概论

主　编　李　强　董长奇
副主编　张永勤　张素敏

U0213424

武汉理工大学出版社
·武　汉·

内 容 简 介

本书根据中等职业学校土建类专业的人才培养目标、教学计划、"装配式混凝土建筑概论"课程的教学特点和要求,结合国家大力发展装配式建筑的战略方针及住房和城乡建设部关于"十四五"期间发展装配式建筑的文件精神,并按照国家、省颁布的有关新规范、新标准编写而成。

本书共分九个项目,主要内容包括装配式混凝土建筑简述、装配式混凝土建筑常用材料与构造、装配式混凝土建筑设计技术、装配式混凝土建筑预制构件制作、装配式混凝土建筑施工技术、装配式混凝土建筑质量控制与验收、装配式混凝土建筑安全与文明施工、装配式建筑人才培养及 BIM 与装配式建筑等。

本书参考职业教育改革要求的方向,立足基本概念的阐述,并有机融入课程目标和课程思政等元素,按照装配式混凝土建筑施工的全工艺流程组织编写,同时把"案例教学法"融入课程,把"做中学、做中教"的思想贯穿于整个教材的编写过程中,具有"实用性、系统性和先进性"的特色。

本书可作为中等职业学校建筑工程技术、建筑工程造价、建设工程管理及相关专业的教学用书,也可作为相关培训机构及土建类工程技术人员的参考用书。

图书在版编目(CIP)数据

装配式混凝土建筑概论/李强,董长奇主编.—武汉:武汉理工大学出版社,2024.5
ISBN 978-7-5629-7041-5

Ⅰ.①装… Ⅱ.①李… ②董… Ⅲ.①装配式混凝土结构-概论 Ⅳ.①TU37

中国国家版本馆 CIP 数据核字(2024)第 111149 号

项目负责人:戴皓华	责任编辑:戴皓华
责 任 校 对:夏冬琴	排版设计:芳华时代

出 版 发 行:武汉理工大学出版社
社　　　　址:武汉市洪山区珞狮路 122 号
邮　　　　编:430070
网　　　　址:http://www.wutp.com.cn
经　　　　销:各地新华书店
印　　　　刷:湖北金港彩印有限公司
开　　　　本:787×1092　1/16
印　　　　张:13
字　　　　数:325 千字
版　　　　次:2024 年 5 月第 1 版
印　　　　次:2024 年 5 月第 1 次印刷
定　　　　价:48.00 元

前　　言

随着国家实施"十四五"规划以来,产业结构加快调整,建筑行业对绿色节能建筑理念的积极倡导,使得装配式建筑受到越来越多的关注。装配式建筑作为建筑业转型升级的有效途径,它符合可持续发展的理念,也是当前我国社会经济发展的客观要求。发展装配式建筑产业已成为今后建筑行业转型与发展的重点突破口。随着装配式建筑工程规模的不断扩大,能从事装配式建筑研发、设计、生产、施工和管理等工作的人员也日渐紧缺,特别是当前从业人员现有的职业技能已经无法满足装配式建筑市场的发展需求,他们亟待提升专业的装配式建筑的施工技能。

为适应建筑业经济结构的转型升级、供给侧结构性改革以及行业发展趋势,满足装配式建筑领域应用技术技能型人才培养的需求,本书较为系统地介绍了装配式混凝土建筑的相关理论与实施案例。全书共分为9个项目:项目1"装配式混凝土建筑简述",主要介绍了装配式混凝土建筑的概念、发展现状和趋势、预制率和装配率以及建筑工业化等基本知识;项目2"装配式混凝土建筑常用材料与构造",主要介绍了常规装配式混凝土构件制作所需要的材料和主要构件的结构等;项目3"装配式混凝土建筑设计技术",主要介绍了建筑设计、结构设计、设备及管线系统设计、内装系统设计和深化设计中的设计规则和设计要点;项目4"装配式混凝土建筑预制构件制作",主要介绍了比较成熟的预制构件制作程序等;项目5"装配式混凝土建筑施工技术",主要介绍了典型预制构件现场吊装准备、施工流程及施工注意要点;项目6"装配式混凝土建筑质量控制与验收",介绍了装配式混凝土建筑在生产、结构施工等环节的质量验收要求;项目7"装配式混凝土建筑安全与文明施工",主要介绍了高处作业防护、临时用电安全、起重吊装安全、现场防火和文明施工等相关内容;项目8"装配式建筑人才培养"主要介绍关于装配式建筑人才培养方面的问题和措施等;项目9"BIM与装配式建筑"主要介绍在新时期装配式混凝土建筑如何运用BIM技术指导施工和解决实际施工中的具体问题等。同时本书也是2022年度河南省职业教育教学改革研究与实践项目(课题结项证书编号:豫教〔2022〕46589)的阶段成果之一。

本书由长垣职业中等专业学校李强担任主编,并编写了项目1、项目3和项目8部分内容,长垣职业中等专业学校董长奇老师担任第二主编,并编写了项目2、项目4和项目5,对全书各章节进行了审核;河南省盛信建设有限公司总经理张永勤先生编写了项目6;河南省盛信建设有限公司办公室主任兼项目经理张素敏女士编写了项目7,长垣职业中等专业学校装配式专业教师勾艳娜老师编写了项目8部分内容和项目9。

本书内容通俗易懂,文字规范简练,全书图文并茂,突出了实践性,同时书中运用了大量的工程案例,并对各章节中的知识目标、技能目标、思政元素和思政元素的实现形式进行了梳理。读者可以查看到很多的工程施工图片和工程施工案例分析,加深对课程思政内容的理解。本书强调中等职业教育阶段应用技能型人才培养,具有较强的针对性、实用性和通用性,可作为中等职业教育土建类专业的教学用书,也可作为装配式混凝土建筑施工技术人员的学习参考书。

本书在编写过程中参考了大量的文献资料,在此一并向原作者表示感谢。由于编者的水平有限,书中难免有疏漏、不足之处,恳请读者批评指正。

编　者

2023 年 12 月

目　录

项目1 装配式混凝土建筑简述

知识目标：了解装配式混凝土建筑发展状况。熟悉国内装配式建筑发展趋势。熟练掌握装配式混凝土建筑的结构体系；掌握装配式建筑的评价标准。

技能目标：培养学生具备较高的环保意识；要求学生能够跟上行业的发展步伐，熟练掌握装配式混凝土建筑的结构体系，能够正确评价装配式建筑的质量标准。充分发挥装配式建筑施工的优越性，拟定合理的施工方案。

素养目标：让学生了解装配式建筑的历史以及背景，鼓励学生培养勇于探究、勇于创新的科学精神。

思政元素：新型施工工艺的应用激发学生的创新理念；环保及节能的需求需要学生了解绿色建筑的概念并在以后的学习生活中践行绿色节能环保的理念。装配式建筑能够达到缩短工期、保证工程质量、降低工程成本的目的，有利于学生树立成本控制的概念和精益求精的精神。

实现形式：通过图片和视频进行展示，问题探究式教学、讨论式教学等教学形式并用，让学生对装配式混凝土建筑有一定的了解。

随着我国经济社会发展的转型升级，特别是城镇化战略的加速推进，建筑业在改善居住环境、提升生活质量中的地位凸显，但遗憾的是，目前我国传统"粗放"的建造模式仍较普遍。一方面，生态环境被严重破坏，资源被低效利用；另一方面，建筑安全事故高发，建筑质量亦难以保障。因此，传统的工程建设模式亟待转型。

近年来，装配式建筑在国家和地方政策的持续推动下得到了快速发展。如何理解装配式建筑？我们从狭义和广义两个不同角度来理解：从狭义上理解，装配式建筑是指用预制部品部件在工地装配而成的建筑，这是在通常情况下从建筑技术角度来理解的；从广义上理解，装配式建筑是指用工业化建造方式建造的建筑。工业化建造方式主要是指在房屋建造全过程中以标准化设计、工业化生产、装配化施工、一体化装修和信息化管理为主要特征的建造方式。工业化建造方式具有鲜明的工业化特征，各生产要素（包括生产资料、劳动力、生产技术、组织管理、信息资源等）在生产方式上都能充分体现专业化、集约化和社会化。若要从装配式建筑发展的目的（建造方式的重大变革）的宏观角度来理解装配式建筑，应该从广义上去理解或定义，这样内涵会更加丰富，避免陷入"唯装配"的误区。

装配式混凝土建筑是以工厂化生产的混凝土预制构件为主，通过现场装配的方式设计建造的房屋建筑，具有提高质量、缩短工期、节约能源、减少消耗、清洁生产等优点，与传统现浇混凝土建筑相比从设计到施工差异较大。现浇混凝土建筑施工，从项目立项到竣工验收使用,整体流程基本为单线,且经过各建设单位多年实践,项目组织管理已较为清晰。与现浇混凝土建筑相比,装配式混凝土建筑的建设流程更全面、更精细、更综合,增加了技术策划、工厂生产、一体化装修等过程。因在方案设计阶段之前增加了技术策划环节,以配合预制构件的生产加工需求,对预制水平等提出了更高的要求,需建设、设计、生产、施工管理等单位精心配合、协同工作。

1.1 装配式混凝土建筑发展状况简介

1.1.1 装配式混凝土建筑发展背景

(1)建筑行业的背景

自 19 世纪工业革命以来,人类社会呈现出飞速发展、性质趋同的现象。建筑业中出现的钢铁、水泥和混凝土等新型建筑材料,从发达国家开始,逐步推广到其他国家,同时在各个国家也以大城市为中心不断向城镇乡村辐射渗透,加上交通速度的不断提升和各国贸易的频繁往来,越来越多的城市呈现出趋同的面貌。同时,各个国家和城市受到当地的历史背景的影响,保留着各自的建筑风格和地方特色。

自中华人民共和国成立,我国建筑从采用传统的砖、木等主体材料,逐步转向采用钢筋和混凝土等主体结构材料,并在高度和跨度上进行探索。20 世纪 50 年代我国借鉴苏联的装配式技术,开始尝试新型的装配式混凝土建筑,于 1960—1980 年建造了许多装配式混凝土建筑。但是后期由于整体性不足、接缝渗漏等问题日益突显,且无法在短期内得以解决,在 20 世纪 80 年代末装配式混凝土建筑的发展一度停滞。此后,整个建筑业基本上都采用了现浇技术体系,至今现浇仍是我国建筑业最基本、最主要的建造方式。

步入 21 世纪后,经过 40 多年的改革开放历程,我国整个社会呈现出完全不同于以往的面貌。目前我国建筑业绝大多数是以钢筋混凝土、钢材等作为主体结构材料,并且采用更多的机械化作业来代替手工作业,建筑新工艺和新技术也不断涌现并用于建造过程中。与此同时,装配式建造技术又重新被"提上日程",在保障性住宅等建筑中多次尝试,并不断加大推广力度,国家和地方政府也出台多项政策予以扶持。许多建筑企业还在权衡装配式建筑的利弊时,装配式建筑已经以一种势不可挡的姿态呈现在众人眼前,从装配式混凝土建筑,再到装配式钢结构建筑,这些进展都表明了国家对装配式建造技术推广的决心。

(2)劳动力发展状况

纵观建筑行业,大多数的建筑工人都是农民工。以现浇建造方式为主的建筑业为这些农民工提供了许多就业机会,因为现浇式的建筑施工作业需要大量的建筑工人来完成支撑搭设、模板支搭、钢筋绑扎、混凝土浇筑、水电安装等各项工作内容,这些工作大多数是由手工作业完成的,尤其是模板和支撑搭设及钢筋绑扎,其作业量很大。同期劳动力价格相对便宜,与现浇建造方式相互配合,提供了非常大的就业空间。

但是,随着时代的发展,自 2012 年开始我国劳动力总量出现下降的趋势,于是劳动力成本开始升高,加上与许多其他工作环境相比,建筑工地的工作环境较为艰苦,这进一步抬高了雇佣建筑工人的成本。建筑类企业也开始考虑如何解决这一问题:建筑工人越来越少,建筑劳动力成本日益增加,建筑业该如何继续?

基于对问题的思考,建筑业有所改变。如土方开挖工程,以往主要依靠"人多力量大"的方式来挖掘搬运,后来则采用机械开挖的方式进行挖土清运,不仅减少了大量劳动力,而且还提升了土方开挖和渣土清运的速度。建筑业也需要更新科技,采用新技术和新工艺,来解决建筑工人越来越少、人力成本越来越高的问题;同时,还要考虑如何留住现有建筑工人并吸引年轻人进入建筑行业,这方面则需要建筑类企业进一步改善工作环境和工作条件,营造更加人性化的工作场所。

在这一背景下,人们发现装配式建筑的预制构件在工厂生产,如果可以实现全自动生产,则既可以节约较多的劳动力,同时又可以改善工人的工作环境。工人可以在工厂进行构件生产作业,建筑工地上只需安排比现浇建造方式少得多的人从事现场装配施工作业即可。

(3)科技发展的背景

科技水平如今正以指数级的增长趋势在飞速发展。21世纪以前,科技的发展速度还不是非常明显,但是进入21世纪后,这种速度足以令人惊讶,尤其是在我国,经过改革开放的积累,许多领域都做出了令人瞩目的成绩。如今,科技的力量已经渗透到各行各业中,包括衣食住行的方方面面。

在建筑行业,许多工作方式都已经实现了机械化,如土方开挖和清运、物料升降、塔吊吊装、混凝土浇捣、钢筋加工,新技术和新材料也层出不穷,如爬模、铝模、承插式脚手架等。尤其是近几年国家大力支持的BIM技术,更是将建筑数据和资料整合于建筑模型中,并运用于设计、建造施工和运维管理等全过程。

虽然建筑业在科技方面也在不断更新和应用,但是,自20世纪90年代以来一直以现浇技术体系为主的建造方式,在诸多工作内容中还是以手工作业为主,如支撑搭设、模板支搭、钢筋绑扎、混凝土浇筑、水电安装等。虽然有新的支撑工艺和模板,但是这些新的支撑工艺和模板仍需要较多人力在施工现场支设;虽然钢筋加工可以采用全自动机械化的方式,但是施工现场还是需要较多的钢筋工人完成钢筋绑扎;虽然可由地泵和汽车泵等完成混凝土的泵送,但是现场还是需要不少工人进行浇筑和振捣作业。

因此,建筑业仍然需要在科技方面有更多和更大的突破和应用。采用装配式建筑是建筑业实现科技力量创新和应用的渠道之一,如在构件的设计和生产、构件的连接和装配、装配式建筑的整体性能等方面,都可以考虑进行更多的科技创新。

(4)环保以及节能需求

我国能源消耗的三大方面是建筑业、工业和交通业,其中建筑业能耗占了全社会总能耗的1/3以上,并且由于建筑总量的不断攀升,建筑能耗呈现不断上升的趋势。建筑节能则主要侧重于建筑材料及产品的生产、建筑工程施工和建筑材料的使用过程三个方面。建筑业在环保、节能方面还有待做出更多的贡献——不断降低能耗占比,提高节能性能。

采用装配式建筑可以在预制构件的材料选用、构件生产过程和装配施工过程中发挥优势。如在构件生产阶段,在满足使用条件的前提下,优先采用节能环保型材料,生产合适的节能型预制构件和建筑部品;在装配施工阶段,减少现场施工作业量,降低粉尘、噪声和垃圾等污染;在建筑运营维护阶段,结合BIM技术,为后期的物业管理提供可靠数据,方便维修和管理。

1.1.2　装配式混凝土建筑的概念

装配式混凝土建筑具有提高质量、缩短工期、节约能源、减少消耗、清洁生产等优点,是发达国家建筑工业化最重要的方式。目前,随着我国经济快速发展,我国建筑业和其他行业一样都在进行工业化技术改造,装配式混凝土建筑便焕发了新的生机。

装配式混凝土建筑是指建筑的结构系统由混凝土部件(预制件)构成的装配式建筑,从结构形式上来划分,包括装配整体式混凝土结构、全装配混凝土结构等。

装配整体式混凝土结构由预制混凝土构件通过可靠的连接方式进行连接并与现场后浇混凝土、水泥基灌浆料形成整体的装配式混凝土结构。根据我国目前的研究工作水平和工程实践经验,对于高层混凝土建筑目前主要采用的是装配整体式混凝土结构,其他建筑也是以装配整体式混凝土结构为主。

全装配混凝土结构是由预制混凝土构件通过干法连接(如螺栓连接、焊接)形成整体的装配式混凝土结构。此结构的总体刚度与现浇混凝土结构相比会有所降低。

1.1.3　装配式混凝土建筑的结构体系

(1)装配整体式混凝土框架结构

装配整体式混凝土框架结构,是指全部或部分框架梁、柱采用预制构件建成的装配整体式混凝土结构,简称装配整体式框架结构。如图1.1、图1.2所示:

图1.1　装配整体式混凝土框架结构实物图

装配整体式框架结构是常见的结构体系,主要应用于空间要求较大的建筑,如商店、学校、医院等。其传力途径为:楼板→次梁→主梁→柱→基础→地基。该结构传力合理,抗震性能好。框架结构的主要受力构件(梁、柱、楼板)及非受力构件(墙体、外装饰等)均可预制。预制构件种类一般有全预制柱、全预制梁、叠合梁、预制板、叠合板、预制外挂墙板、全预制女儿墙等。全预制柱的竖向连接一般采用灌浆套筒逐根连接。

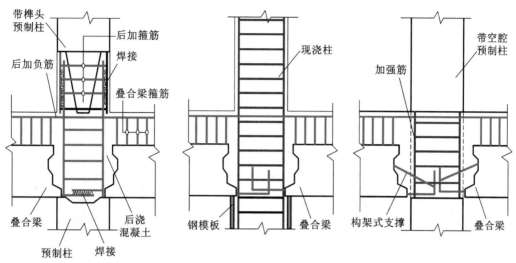

图 1.2 装配整体式混凝土框架结构梁柱连接

装配整体式框架结构技术特点是:预制构件标准化程度高,构件种类较少,各类构件重量差异较小,起重机械性能利用充分,技术经济合理性较高;建筑物拼装节点标准化程度高,有利于提高工效;钢筋连接及锚固可全部采用统一形式,机械化施工程度高,质量可靠,结构安全,现场环保等。其难点是节点钢筋密度大,要求加工精度高,操作难度较大。

传统框架结构建筑平面布置灵活、造价低、使用范围广,在低层、多层住宅和公共建筑中得到了广泛的应用。装配整体式混凝土框架结构继承了传统框架结构的以上优点。根据国内外多年的研究成果,装配整体式框架结构在采用了可靠的节点连接方式和合理的构造措施后,性能可等同于现浇混凝土框架结构。因此,对装配整体式框架结构的节点及接缝采用适当的构造并满足相关要求后,可认为其性能与现浇结构基本一致。

(2)装配整体式混凝土剪力墙结构

装配整体式混凝土剪力墙结构,是指全部或部分剪力墙采用预制墙板建成的装配整体式混凝土结构,简称装配整体式剪力墙结构,如图 1.3 所示。

装配整体式剪力墙结构是住宅建筑中常见的结构体系,其传力途径为:楼板→剪力墙→基础→地基。采用剪力墙结构的建筑物室内无突出墙面的梁、柱等结构构件,室内空间规整。剪力墙结构的主要受力构件(剪力墙、楼板)及非受力构件(墙体、外装饰等)均可预制。预制构件种类一般有预制围护构件(包含全预制剪力墙、单层叠合剪力墙、双层叠合剪力墙、预制混凝土夹芯保温外墙板、预制叠合保温外墙板、预制围护墙板)、预制剪力墙内墙、全预制梁、叠合梁、全预制板、叠合板、全预制阳台板、叠合阳台板、预制飘窗、全预制空调板、全预制楼梯、全预制女儿墙等。其中,预制剪力墙的竖向连接可采用螺栓连接、钢筋套筒灌浆连接、钢筋浆锚搭接;预制围护墙板的竖向连接一般采用螺纹盲孔灌浆连接。

装配整体式剪力墙结构技术特点是:预制构件标准化程度较高,预制墙体构件、楼板构件均为平面构件,生产、运输效率较高;竖向连接方式采用螺栓连接、灌浆套筒连接、浆锚搭接等连接技术;水平连接节点部位后浇混凝土;预制剪力墙 T 形、十字形连接节点钢筋密度大,操作难度较大。

我国新型的装配式混凝土建筑是从住宅建筑发展起来的,而高层住宅建筑绝大多数采

图 1.3　装配整体式混凝土剪力墙结构实物图

用剪力墙结构。因此,装配整体式混凝土剪力墙结构在国内发展迅速,得到大量的应用。

装配整体式混凝土剪力墙结构中,墙体之间的接缝数量多且构造复杂,接缝的构造措施及施工质量对结构整体的抗震性能影响较大,这使得装配整体式剪力墙结构抗震性能很难完全等同于现浇结构。世界各地对装配式剪力墙结构的研究少于对装配式框架结构的研究,因此我国目前对装配整体式混凝土剪力墙结构是从严要求的态度。

(3)其他结构体系

装配整体式混凝土框架结构和装配整体式混凝土剪力墙结构目前在我国发展迅速,得到了广泛的应用。此外,我国目前推广的装配式混凝土结构体系中,还包括装配整体式混凝土框架-现浇剪力墙结构、装配整体式框架-现浇核心筒结构、装配整体式部分框支剪力墙结构等。

装配整体式框架-现浇剪力墙结构是办公楼、酒店类建筑中常见的结构体系,剪力墙为第一道抗震防线,预制框架为第二道抗震防线。预制构件种类一般有预制外挂墙板、全预制柱、叠合梁、全预制板、叠合板、全预制女儿墙等。其中,预制柱的竖向连接采用钢筋套筒灌浆连接。其技术特点是,结构的主要抗侧力构件——剪力墙一般为现浇,第二道抗震防线框架为预制,且预制构件标准化程度较高,预制柱构件、梁构件、楼板构件均为平面构件,生产、运输效率较高。

装配整体式混凝土框架-现浇剪力墙结构是以预制装配式框架柱为主,并布置一定数量的现浇剪力墙,通过水平刚度很大的楼盖将两者联系在一起共同抵抗水平荷载。考虑到目前的研究基础,我国建议剪力墙构件采用现浇结构,以保证结构整体的抗震性能。装配整体式混凝土框架-现浇剪力墙结构中,预制框架的性能与现浇框架等同,因此整体结构性能与现浇框架-剪力墙结构基本相同。

装配整体式框架-现浇核心筒结构、装配整体式部分框支剪力墙结构目前国内外研究均较少,在国内的应用也很少。

1.1.4 我国装配式建筑发展现状及趋势

目前,建筑业已成为国民经济的支柱产业之一,但我们也应该清醒地认识到,我国建筑业当前仍是一个劳动密集型、以现浇建造方式为主的传统产业,传统建造方式提供的建筑产品已不能满足人们对高品质建筑产品的美好需求,传统粗放式的发展模式已不适应我国已进入高质量发展阶段的时代要求。为此,我国需要大力发展装配式建筑。

装配式建筑是结构系统、外围护系统、设备与管线系统、内装系统的主要部分采用预制部品部件集成的建筑。装配式建筑从建筑材料的角度主要分为三种结构形式,即装配式混凝土结构、装配式钢结构和装配式木结构。装配式建筑以"六化一体"的建造方式为典型特征,即设计标准化、生产工厂化、施工装配化、装修一体化、管理信息化和应用智能化。与传统建造方式相比,装配式建筑的建造主要有生产效率高、建筑质量高、节约资源、减少能耗、清洁生产、噪声污染小等优点。

为支持装配式建筑发展,自 2016 年以来,我国从国家层面陆续出台多项文件,见表1.1。

表 1.1 装配式建筑相关政策文件汇总(部分)

日期	发布单位	文件名称	文件主要内容
2016 年 2 月	中共中央、国务院	《关于进一步加强城市规划建设管理工作的若干意见》	力争用 10 年左右时间,使装配式建筑占新建建筑的比例达到 30%。积极稳妥推广钢结构建筑。在具备条件的地方,倡导发展现代木结构建筑
2016 年 9 月	国务院办公厅	《关于大力发展装配式建筑的指导意见》	要以京津冀、长三角、珠三角三大城市群为重点推进地区,常住人口超过 300 万的其他城市为积极推进地区,其余城市为鼓励推进地区,因地制宜发展装配式混凝土结构、钢结构和现代木结构等装配式建筑
2016 年 12 月	住房和城乡建设部	《印发〈装配式混凝土结构建筑工程施工图设计文件技术审查要点〉的通知》	编制了《装配式混凝土结构建筑工程施工图设计文件技术审查要点》
2017 年 2 月	国务院办公厅	《关于促进建筑业持续健康发展的意见》	缩小中国标准与国外先进标准的技术差距,推动建造方式创新,大力发展装配式混凝土和钢结构建筑,在具备条件的地方倡导发展现代木结构建筑,不断提高装配式建筑在新建建筑中的比例。力争用 10 年左右的时间,使装配式建筑占新建建筑面积的比例达到 30%。在新建建筑和既有建筑改造中推广普及智能化应用,完善智能化系统运行维护机制,实现建筑舒适安全、节能高效
2017 年 3 月	住房和城乡建设部	《印发〈"十三五"装配式建筑行动方案〉〈装配式建筑示范城市管理办法〉〈装配式建筑产业基地管理办法〉的公告》	制定了《"十三五"装配式建筑行动方案》《装配式建筑示范城市管理办法》《装配式建筑产业基地管理办法》

续表 1.1

日期	发布单位	文件名称	文件主要内容
2017 年 4 月	住房和城乡建设部	《关于发布行业标准〈装配式劲性柱混合梁框架结构技术规程〉公告》	批准《装配式劲性柱混合梁框架结构技术规程》为行业标准,编号为 JGJ/T 400—2017,自 2017 年 10 月 1 日起实施
2017 年 7 月	住房和城乡建设部	对十二届全国人大五次会议第 6697 号建议的答复	组织编制《装配式混凝土结构建筑技术标准》《装配式钢结构建筑技术标准》《装配式木结构建筑技术标准》3 项国家标准,于 2017 年 6 月正式实施
2017 年 12 月	住房和城乡建设部	《关于发布国家标准〈装配式建筑评价标准〉的公告》	批准《装配式建筑评价标准》为国家标准,编号为(GB/T 51129—2017),自 2018 年 2 月 1 日起实施。原国家标准《工业化建筑评价标准》(GB/T 51129—2015)同时废止
2018 年 3 月	住房和城乡建设部建筑节能与科技司	《关于印发 2018 年全年工作要点的通知》	积极推进建筑信息模型(BIM)技术在装配式建筑中的全过程应用,推进建筑工程管理制度创新,积极探索推动既有建筑装配式装修改造,开展装配式超低能耗高品质绿色建筑示范
2018 年 6 月	国务院	《关于印发打赢蓝天保卫战三年行动计划的通知》	2018 年底前,各地建立施工工地管理清单。因地制宜稳步发展装配式建筑

从国务院近年来出台的装配式建筑相关文件来看,国家主要制定了我国装配式建筑的发展规划和发展路径。从目标上看,我国计划到 2025 年,使装配式建筑占新建建筑的比例达到 30%(一些省份,例如江苏、四川,发文提出到 2020 年使建筑装配化率达到 30% 以上);从地域上看,京津冀、长三角、珠三角城市群和常住人口超过 300 万以上的城市为装配式建筑重点发展地区,其他地区因地制宜发展装配式建筑;从类型上看,我国将大力发展装配式混凝土结构和钢结构建筑。

从住房和城乡建设部出台的文件来看,国家进一步完善了发展装配式建筑,在具备条件的地方倡导发展现代木结构建筑的技术标准,在 2018 年 3 月又积极倡导 BIM 技术在装配式建筑上的运用。

虽然目前国家积极推进装配式建筑发展,逐步完善了政策和标准体系上的相关规定,但目前业内装配式建筑的发展并不尽如人意。原因主要有以下几点:

一是建造成本较高。目前,预制构件生产企业处于起步阶段,预制构件产量低,没有形成生产规模,建造装配式混凝土结构与传统现浇混凝土结构相比成本偏高。同时,国家对预制构件生产企业按照工业企业收税,其增值税税率达到了 17%,生产成本较高,不利于装配式建筑的推广。

二是专业人才缺乏。目前,全国的大专院校基本上没有"预制构件"专业,也没有对技术工人进行专门培训的渠道,造成相关管理人才和技术人才均极度缺乏。同时,采用装配式建筑,虽然在混凝土现浇、模板支搭和钢筋加工等方面减少了现场用工量,但同时也增加了构件吊装、灌浆和节点连接等方面的人工用量,并且施工难度更大,普通的施工队伍人员素质较低,缺乏相应施工经验,很难满足装配式建筑的施工要求。

三是缺乏技术支持。装配式建筑全生命周期涉及"设计—生产—施工—运维"中的各个阶段,这就要求实施装配式建筑的企业熟悉 EPC 模式,并有一定的 BIM 技术。EPC 总承包管理模式的核心思想符合装配式建筑的发展要求。2016 年 9 月,国务院办公厅印发的《关于大力发展装配式建筑的指导意见》,其中明确提出,装配式建筑项目重点应用 EPC 总承包管理模式,且应积极应用 BIM 技术,提高装配式建筑协同设计效率,降低设计误差,优化预制构件的生产流程,改善预制构件库存管理,模拟优化施工流程,实现装配式建筑运维阶段的质量管理和能耗管理,有效提高装配式建筑设计、生产和维护的效率。例如,在设计阶段,利用 BIM 技术所构建的设计平台,装配式建筑设计中的各专业设计人员能够快速地传递各自专业的设计信息,对设计方案进行"同步"修改;在施工阶段,利用 BIM 技术结合 RFID 技术(射频识别技术,Radio Frequency Identification,又称无线射频识别,是一种通信技术,俗称电子标签。可通过无线电信号识别特定目标并读写相关数据,而无需识别系统与特定目标之间建立机械或光学接触。射频一般是微波,频率 1～100 GHz,适用于短距离识别通信),通过在预制构件生产的过程中嵌入含有安装部位及用途等构件信息的 RFID 芯片,存储验收人员及物流配送人员可以直接读取预制构件相关信息,实现电子信息的自动对照,减少在传统的人工验收和物流模式下出现的验收数量偏差、构件堆放位置偏差、出库记录不准确等问题,可以明显地节约时间和成本。

尽管现阶段我国装配式建筑发展面临诸多困难和挑战,但是,面对"人口红利"消失、逐步进入工业化成熟阶段、环保政策日趋严厉以及西方国家具有先进经验的处境,发展装配式建筑势在必行。

1.2　装配式混凝土建筑预制率、装配率及评价标准

1.2.1　预制率和装配率

(1)预制率

①预制率的概念

预制率是指装配式混凝土建筑室外地坪以上主体结构和围护结构中预制构件部分的材料用量占对应构件材料总用量的体积比。

②预制率的计算

预制率按下式计算:

$$预制率 = \frac{V_1}{V_1 + V_2}$$

式中　V_1——建筑室外地坪以上,结构构件采用预制混凝土构件的混凝土体积(计入 V_1 的预制混凝土构件类型包括剪力墙、延性墙板、柱、支撑、梁、桁架、屋架、楼板、楼梯、阳台板、空调板、女儿墙、雨篷等);

　　　　V_2——建筑室外地坪以上,结构构件采用现浇混凝土构件的混凝土体积。

(2)装配率

①装配率的概念

装配率是指单体建筑室外地坪以上的主体结构、围护墙和内隔墙、装修和设备管线等采用预制部品部件的综合比例。

②装配率的计算

装配率应根据表1.2中评价项对应分值按下式计算：

$$P = \frac{Q_1 + Q_2 + Q_3}{100 - Q_4} \times 100\%$$

式中　　P——装配率；

　　　　Q_1——主体结构指标实际得分值；

　　　　Q_2——围护墙和内隔墙指标实际得分值；

　　　　Q_3——装修和设备管线指标实际得分值；

　　　　Q_4——评价项目中缺少的评价项分值总和。

表1.2　装配式建筑评价标准

评价项目		评价要求	分值	最低分值
主体结构 （50分）	柱、支撑、承重墙、延性墙板等竖向构件	35%≤比例≤80%	20～30*	20
	梁、板、楼梯、阳台、空调板等构件	70%≤比例≤80%	10～20*	
围护墙和 内隔墙 （20分）	非承重围护墙（非砌筑）	比例≥80%	5	10
	围护墙与保温、隔热、装饰一体化	50%≤比例≤80%	2～5*	
	内隔墙（非砌筑）	比例≥50%	5	
	内隔墙与管线、装修一体化	70%≤比例≤80%	2～5*	
维修和 设备管线 （30分）	全装修	—	6	6
	干式工法楼面、地面	比例≥80%	6	—
	集成厨房	70%≤比例≤80%	3～6*	
	集成卫生间	70%≤比例≤80%	3～6*	
	管线分离	70%≤比例≤80%	4～6*	

备注：表中带"＊"项的分值采用内插法计算，计算结果取小数点后1位。

1.2.2　《装配式建筑评价标准》相关介绍

《装配式建筑评价标准》（GB/T 51129—2017）将装配式建筑作为最终产品，根据系统性的指标体系进行综合打分，把装配率作为考量标准，不以单一指标进行衡量。《装配式建筑评价标准》（GB/T 51129—2017）设置了基础性指标，可以较便捷地判断一栋建筑是否是装配式建筑。目前装配式建筑产业在不断发展，装配式建筑评价标准也需要不断发展，这也是《装配式建筑评价标准》（GB/T 51129—2017）编制的意义，该标准于2018年2月1日起正式实施，原国家标准《工业化建筑评价标准》（GB/T 51129—2015）同时废止，从标准名称的改变就可以看出，装配式建筑在接下来将会成为我国最主要的工业化建筑。《装配式建筑评价标准》（GB/T 51129—2017）适用于民用建筑装配化程度评价，工业建筑可参照执行。

《装配式建筑评价标准》（GB/T 51129—2017）的编制遵循立足当前实际、适度面向发展、简化评价操作,充分结合各地装配式建筑实际发展情况,充分体现近年来各地在装配式建筑发展过程中形成的技术成果,充分体现标准的正向引导性的原则。

《装配式建筑评价标准》(GB/T 51129—2017)主要体现以下几个特点:

(1)以装配率对装配式建筑的装配化程度进行评价,使评价工作更加简洁明确和易于操作。

(2)拓展了装配率计算指标的范围。例如,评价指标既包含承重构件和非承重构件,又包含装修与设备管线。再如,衡量竖向或水平构件的预制水平时,将用于连接作用的后浇部分混凝土一并计入预制构件体积范畴。

(3)以控制性指标明确了最低准入门槛,以竖向构件、水平构件、围护墙和分隔墙、全装修等指标,分析建筑单体的装配化程度,发挥正向引导作用。

(4)评价等级之间存在差值,为地方政府制定奖励政策提供弹性范围。

(5)评价植根于构件层面,通过评价构件的总体预制水平,得到分项分值,形成相应的预制率数值,不拘泥于结构形式。

(6)以装配式建筑最终产品为目的,弱化过程中的实施手段,重在最终产品的装配化程度考量。对装配式建筑的评价以参评项目的得分来衡量综合水平高低,得分结果对应不同评价等级。

《装配式建筑评价标准》(GB/T 51129—2017)编制过程中,其编者对装配式混凝土建筑、装配式钢结构建筑和装配式木结构建筑展开了广泛的项目调研与技术交流,总结了近年来的实践经验,参考了国内外相关技术标准,开展了试评价工作并广泛征求了意见,最终形成了该标准。

1.3　建筑工业化

1.3.1　传统建筑现状和存在的问题

改革开放以来,我国建筑业得到了持续快速发展,建筑业和房地产业发展带来的经济效益有目共睹,且其逐渐成为继工业、农业、商业之后新的国民经济支柱产业,是新的经济增长点。然而,传统建筑业的发展大多是以高投入、高消耗、高排放、低效率、难循环为代价的粗放式发展,规划和设计滞后造成重复建和拆的问题,这也造成了极大的浪费。建筑业在增加GDP的同时,被烙上"能源消耗量大""利用率低""污染严重"等印记。如图1.4所示。

目前,我国建筑能源消耗已占到全社会终端能耗的27.5%。我国现有城乡建筑面积近500亿 m^2,特别是最近几年,每年的竣工面积基本上都维持在27亿 m^2 左右,且都是高能耗建筑。由于我国大部分建筑的保温隔热性能较差,门窗的空气密闭性较差,而且舒适性较差,单位建筑面积能耗约为同纬度气候相近国家的2～3倍。尽管我国已经出台了很多建筑节能标准,但目前新建建筑节能达标率还不到6%。据测算,采暖期大气中二氧化碳浓度值平均为非采暖期的6倍。

我国建筑垃圾已占城市垃圾总量的1/3以上,在我国既有的近500亿 m^2 建筑的建造过程中,至少产生了30亿 t建筑废渣,接近全球年建筑垃圾总量的一半。如果不采取有力的节能措施,每年建筑将耗费约1.2万亿度电,4.1亿 t煤、水、油等。

图 1.4　建筑垃圾堆积如山

　　此外,劳动力问题也是传统建筑业中最突出的问题。在我国,传统建筑方式以现场作业为主(图 1.5),劳动强度大,建设周期长,工作条件和环境艰苦。建筑工人大多是经过简单培训的农民工,不具备技术革新和科技创新能力。2012 年,我国首次出现了劳动年龄人口数量下降的问题,15～60 岁的人口减少了 345 万,这是我们国家改革开放之后第一次出现这方面的问题。与此同时,老龄人口在不断上升,劳动人口仅有 2.5 亿,这其中有 20%～30% 在建筑业中。美国著名经济学家刘易斯提出了一个理论"刘易斯拐点",是指在工业化过程中随着农村富余劳动力向非农产业转移,农村富余劳动力逐渐减少,最终枯竭而产生的拐点。这种拐点会带来我国建筑业的生产方式特别是建筑业生产方式中以传统技术和劳动力为主的生产方式的一种必然的转变。

图 1.5　传统建筑工地施工掠影

　　近年来,建筑业的农民工数量呈现下降趋势,且愿意从事建筑业生产的劳动者逐渐减少,建筑人工成本上涨成为必然。我国一些发达地区建筑行业发生了较为严重的"民工荒"现象,建筑业企业只有用高工资来吸引农民工,这大大增加了企业的人力成本。同时,传统建筑方式已经远远不能满足人们对建筑质量和建筑寿命的要求,因为其无法彻底解决管道、防水等质量问题。建筑质量在工程施工环节里受到多方面因素的影响,施工过程中的过失可能会危害到建筑结构和功能使用安全。传统建筑方式(图 1.6)在现场进行作业,施工人员大多没有参加专业培训或没有取得专业技能证书就上岗就业,这种情况下的房屋建筑施工质量是难以保证的。一旦作业人员操作时不按规程顺序完成任务,就无法保证施工环节取得良好的质量控制效果。没有受到专业训练的农民工参与建筑施工,也可能会降低施工作业队伍的作业水平。另外,建筑的施工工期也不能严格保证,季节、气候、工人等因素都可能成为影响工期进度的重要原因。

图 1.6 传统建筑生产方式

以我国目前的技术水平,结合生产方式和工程背后所体现出来的效率、质量、资源的浪费及环境的破坏来看,现实是不容乐观的。由于劳动力逐渐短缺和对效率、质量的进一步要求,以及对自然资源、环境保护约束的进一步增强,我国建筑业的发展面临转型,顺应向现代工业化发展方式转型的客观规律。

1.3.2 传统建筑生产方式与装配式工业化生产方式的区别与联系

(1)传统建筑生产方式与装配式工业化生产方式的区别

①建造方式不同

传统建筑是在施工工地一砖一瓦建造而成,而装配式建筑则有很多部件都是直接在工厂加工完成的,比如内外墙板等。所以装配式建筑能够实现标准化、信息化,提高了工作效率,且相应的成本也随之降低,性价比要比传统的建筑模式更高。

②装修质量有一定差异

传统建筑在室外作业受到天气、气温以及空气湿度等影响,会产生许多如开裂、空鼓等质量问题。装配式建筑将大量的现场工作搬到了工厂进行,则避免了天气等影响,也会减少许多质量问题。

③劳动强度不同

装配式建筑在现场施工时,大部分由机器完成。传统建筑则会使用大量人工,且工人工作劳动强度较大。

④装配式建筑对环境更加友好

传统建筑会产生大量的建筑垃圾、粉尘等,造成一定的浪费以及污染环境,装配式建筑则减少了对环境的污染,符合绿色建筑要求,实现了节能环保的目的。

(2)传统建筑生产方式与装配式工业化之间的联系

传统建筑生产方式与装配式建筑的发展是具有必然联系的。

传统建筑生产方式的落后性、污染性和能耗大等决定了建筑行业必须走技术更新换代和技术升级改造的道路;装配式建筑工业化生产只是建筑行业技术革新路上的一个节点而已。所以建筑产业发展的不同节点之间必然产生着联系。

　　每项新型技术的初期都会伴随或多或少的优缺点，由于前期施工技术的不成熟性及施工人员操作技能等因素，装配式建筑的建设成本普遍高于传统现浇建筑的建设成本，未达到初期降本增效的目的，从而也影响装配式建筑在我国建筑行业的发展进程。随着国家及地方政策的大力推动，建筑产业化得到快速的推广和发展。随着施工技术的不断创新及摸索中前进得到的经验改良，装配式建筑采用工厂化预制构件现场拼装的形式进行施工，其施工工期短、节约资源，同时可达到与现浇结构同样的受力性能、抗震性能等优点也展露出来。装配式混凝土结构也必定会成为现代建筑产业化的主要结构形式。

　　装配式建筑与传统建筑生产方式相比是为了落实"节能、降耗、减排、环保"的基本国策，实现资源、能源的可持续发展，我国也相继出台了一系列政策目的为推动建筑产业的现代化进程，提高工业化水平做铺垫。随着技术的不断创新，新一代的装配整体式混凝土结构结合了最新科研成果和工程实践经验，使得建筑工业化的步伐不断加快，将会为国民经济贡献巨大力量。

1.3.3　建筑工业化优势及发展现状

　　(1)什么是建筑工业化

　　建筑工业化，指采用现代化的制造、运输、安装和科学管理的大工业生产方式，来代替传统建筑业中分散的、低水平的、低效率的手工业生产方式。它的主要标志及基本途径是建筑设计标准化、构配件生产工厂化、施工机械化和组织管理科学化，并逐步采用现代科学技术的新成果，以提高劳动生产率，加快建设速度，降低工程成本，提高工程质量。

　　(2)建筑工业化的优势

　　建筑工业化是利用标准化设计、工业化生产、装配式施工和信息化管理等方法来建造、使用和管理建筑，是工业化发展的必然趋势，更是建筑业的深刻变革。建筑工业化可促进传统建筑产业升级，转变城镇化建设模式，全面提升建筑品质，是建筑业转变发展方式的重要举措。

　　与传统建筑业相比，现代建筑产业的优越性主要体现在：

　　①节能降耗效果显著。施工现场(图1.7)不需要切割打磨，水电、木材、钢材等资源或能源的占用和消耗都会大幅度减少，一般可节约材料20％左右，节水80％左右，减少建筑垃圾约80％，综合能耗降低70％以上。建造过程中，噪声、粉尘、垃圾对周边环境、交通等的影响也降至最低。现代建筑产业的"绿色建筑"理念(图1.8)就是追求节地、节能、节水、节材和对环境友好。

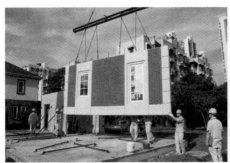

图1.7　装配式建筑工业化工地现场(节能降耗效果显著)

图 1.8　建筑产业化不断推进"绿色建筑"理念

②产业关联度高。投资、开发、设计、施工、商品生产、管理和服务等环节紧密地联结为一个完整的产业系统,各专业生产部门既有分工又彼此协调,相互配套、紧密协作。

③技术更为先进。现代建筑产业发展的基础是科技创新和先进成套技术的集成适用、推广。目前,我国建筑体系、部品体系、技术保障体系和建造技术体系已经比较成熟和完善。

④建设质量和品质提升。所有的构件、部品在工厂预制、现场安装,其标准一致,尺寸统一、质量可控,主体结构精度偏差以毫米计算,可以消除墙体渗漏、开裂、空鼓等数百种质量通病,使建筑隔音、隔热、保温、抗震、耐火、防水等性能改善,提升安全性、健康性和耐久性。

⑤有利于建筑业由劳动密集型向技术密集型转变,用工减少 50% 左右,提升产业工人素质,实现减员增效。

⑥劳动生产率大幅度提高。装配式建筑施工以预制构件安装为主,仿佛搭积木,工序相对简单,并主要依靠机械完成作业。其施工周期由生产方式决定,建设进度快、建设周期短,建设周期是传统建筑的三分之一,高层建筑含精装修可在一年内完成,一个标准层 4～5 天即可完成,工人劳动强度降低,生产效率显著提高。

⑦成长潜力巨大。现代建筑产业符合国家产业发展政策,技术已经成熟,市场需求得到培育和发展,有利于建筑业实施"走出去"战略,把部分企业的"单兵作战"变成"组团出击",为建筑业"走出去"注入强大活力,使现代建筑产业更具成长性。

⑧有利于高质量、大规模建设保障性住房。可改善高品质需求与落后生产方式之间的矛盾,提高效率、保证质量、控制成本。

（3）推行建筑工业化的意义

以工业化的方式重新组织建筑业是提高劳动效率、提升建筑质量的重要方式,也是我国未来建筑业的发展方向。建筑工业化的基本内容是:采用先进、适用的技术、工艺和装备,科学合理地组织施工,发展施工专业化,提高机械化水平,减少繁重、复杂的手工劳动和湿作业;发展建筑构配件、制品、设备生产并形成适度的规模经营,为建筑市场提供各类建筑使用的系列化通用建筑构配件和制品;制定统一的建筑模数和重要的基础标准(模数协调、公差与配合、合理建筑参数、连接方式等),合理解决标准化和多样化的关系,建立和完善产品标准、工艺标准、企业管理标准、工法等,不断提高建筑标准化水平;采用现代管理方法和手段,优化资源配置,实行科学的组织和管理,培育和发展技术市场和信息管理系统,适应发展社会主义市场经济的需要(图1.9)。

图1.9 建筑工业化助推建筑产业技术革新发展

大力推行建筑工业化的意义如下:

①有利于促进节能减排,实现资源节约、环境友好的发展目标。推行建筑工业化可以大量减少施工能耗,施工垃圾减少约80%。

②提高经济增长的质量,促进行业转型升级。建筑综合工期明显缩短,劳动生产率明显提高,建筑工业化更多地依靠科技进步,实现工业化与信息化的相互融合,同时有利于提高建筑工程质量和性能,使质量控制从厘米级向毫米级转变,减少工程质量事故和安全事故,促进新技术、新工艺、新材料的应用,提高建筑的安全性和耐久性。

③促进新型城镇化的发展,实现农民工向产业技术工人的转变。农民工向产业技术工人转变可有效应对“人口红利”淡出,施工现场工人用量减少50%,结构性就业困难;实现建筑工业化,有利于提高建筑行业国际竞争力,提高对外工程承包总体竞争能力,为相关设备和产品出口创造更多机会,通过国际工程承包,带动相关产业同时发展。

总之,建筑工业化是建筑行业的一场革命,是转型升级的方向,是摆脱传统粗放型发展方式,走向集约化和高效之路的必然选择,也是新型城镇化战略下建筑业发展的必然趋势,同时也是建筑产业化道路上的一个绕不开的技术革新关键点。与传统的建筑施工方式相比,建筑工业化不仅有利于节能降耗减排、建设绿色建筑,也有利于减少环境污染、改善农民工就业和工作环境,是助推生态文明建设的战略举措。

(4)目前我国住宅产业化发展现状

北京、深圳、上海、沈阳等城市对产业化的推进,带动了黑龙江、河北、安徽、江苏、浙江、重庆、天津、四川等地的产业化发展,各地纷纷启动产业化试点项目,众多企业跟进,出现了多种新型结构体系和技术路线,形成了“百花齐放、百家争鸣”的良好发展态势。

目前国内众多的装配式结构体系中,以装配式混凝土结构(图1.10)为主,如万科、宇辉、西伟德宝业、中南建设、南京大地、上海建工、上海城建、远大住工等企业主推该体系;其次为装配式钢结构,如杭萧钢构、天津二建、北新房屋、远大可建等企业主推该体系。其中装配式混凝土结构又以剪力墙结构和框架结构为主。从发展情况来看,装配式剪力墙结构比较符合中国高层住宅的特点,其性价比相对较高;装配式框架结构比较适合公共建筑如商场、酒店、写字楼等,其大梁、大柱不符合住房特点,并存在经济性较差的问题。

图 1.10   装配式混凝土结构

1.3.4   建筑工业化发展趋势

建筑工业化在我国已经有了近半个世纪的发展历程,这无疑为我国建筑工业化的未来发展打下了坚实的基础。从我国建筑工业化现状及存在的一些问题来看,在未来一段时间,发展符合我国国情的具有中国特色的建筑工业化模式是一种必然的趋势,这也与世界其他国家建筑工业化的发展经验相契合。纵观西方一些国家已经形成的较为成熟的建筑工业化发展模式,无不是综合国情实际而具备自身特点,这是我们应借鉴之处。

从我国建筑工业化发展现状出发,全面推进多模式的建筑工业化应是一大趋势,也就是说,发展装配式结构体系、现浇结构体系以及钢结构体系等多种模式的建筑工业化,是我国当前国情的需要。我国当前劳动力成本的上升、环保的压力以及工业技术的不断发展,为装配式结构体系这种建筑工业化形式提供了契机,在国家及地方政府的大力扶持下,装配式结构体系的市场推广及应用在未来一段时间将会出现较大规模的增长;而现浇结构体系,当前在技术层面也取得了长足的进步,其中商品混凝土(预拌混凝土)及混凝土泵送技术已得到多年的推广应用,大大提高了施工效率,其发展所需要解决的是施工现场模板与钢筋的加工问题,目前新型模板(如大模板、爬升模板、铝合金复合模板等)的应用以及钢筋集中加工配送工作,正在不断尝试解决现浇结构体系的工业化发展瓶颈问题,随着应用技术的不断发展,其成果必将推进现浇结构体系的工业化发展进程。虽然钢结构的发展还存在着一些制约因素,在目前我国的建筑工程中所占比例还比较低,但考虑到当前我国钢铁产能过剩,钢结构设计人才建设正取得初步成效,现场焊接作业的自动化程度不断提高,这种形式也必将会成为我国建筑工业化发展的一个重要方向。

1.4   案例分析

(1)装配式混凝土建筑是怎样建造的?

和搭积木一样,装配式建筑将部分或所有构件在工厂预制完成,然后运到施工现场进行组装。"组装"不只是"搭",预制构件运到施工现场后,会进行钢筋混凝土的搭接和浇筑,所以"拼装房"很安全。这种"产业化""工业化"的建筑在发达国家已经广泛采用。

如图1.11所示,外墙多采用这种锁扣式拼接方式,也有的是用钢筋骨架对接(图1.12),然后进行填充并加入密封条嵌缝胶。

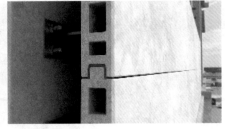

图1.11　锁扣式拼接方式

图1.12　钢筋骨架对接

当建造内墙时,首先安装好骨架,再直接进行拼接(图1.13、图1.14),该方法既方便又快捷,同时也方便后续拆改。

图1.13　骨架拼接

整个建造的过程中,这些小小的预制板可以说是最为重要的了,虽然看起来很简单,但是需要准确的数据来保证拼接成功,因此设计时需要格外的仔细。

(2)装配式混凝土建筑的优点有哪些

①有利于提高施工质量。装配式构件是在工厂里预制的,能最大限度地改善墙体开裂、渗漏等质量通病,并提高住宅整体安全等级、防火性和耐久性。

②有利于加快工程进度。装配式建筑生产进度比传统方式的生产进度快30%左右。

③有利于提高建筑品质,可使建筑产品长久不衰、永葆青春。如图1.15所示,装饰混凝土构件在工厂生产以后,可实现即拆即装,又快又好。

④有利于调节供给关系,提高楼盘上市速度,减缓市场供给不足的现状,行业普及以后,

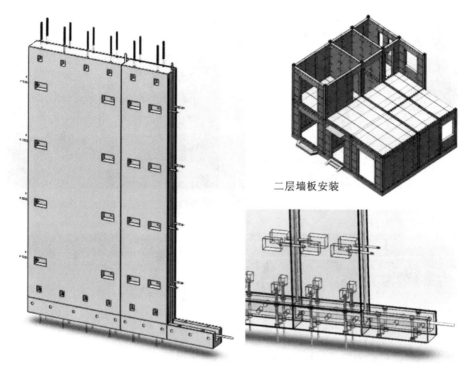

二层墙板安装

图 1.14　墙板拼接

可以降低建造成本,可有效地抑制房价。

⑤有利于文明施工、安全管理。传统作业现场有大量的工人,装配式建筑把大量工地作业移到工厂,现场只需留小部分工人(图 1.16),大大降低了现场安全事故发生率。

图 1.15　装饰混凝土构件施工现场

图 1.16　装配式剪力墙安装

⑥有利于环境保护、节约资源。装配式建筑现浇作业极少,不扰民,不扬尘。此外,钢模板等重复利用率提高,垃圾、能耗都能减少一半以上。

(3)装配式混凝土构件是如何生产的

以装配式建筑混凝土板为例,生产工序:钢模制作→钢筋绑扎→混凝土浇筑→脱模,如图 1.17 至图 1.20 所示。

脱模后的装配式混凝土构件可暂时在工厂分类堆放,就可准备运往施工现场(图 1.21)。

图 1.17　钢筋绑扎的时候需预留孔洞

图 1.18　钢筋绑扎时需将吊钩预埋其中

图 1.19　钢筋绑扎后流水线浇筑混凝土

图 1.20　成型后的装配式混凝土叠合板

图 1.21　装配式构件装车运往现场

（4）装配式混凝土建筑施工流程

以框架结构为例,装配式混凝土建筑施工流程为:一层施工完毕后,先吊装上一层柱子,接着吊装主梁、次梁、楼板。预制构件吊装全部结束后,开始绑扎连接部位钢筋,最后进行节点和梁板现浇层的浇筑。

上述步骤中技术要求最高的是装配式构件的吊装。为了确保吊装顺利进行,装配式构件运到现场后,需要合理安排堆放场地,方便吊装。

如图 1.22 所示,为了吊装精准,梳妆镜是为装配式柱吊装准备的。因为柱下部空间狭小,不便于观察,通过梳妆镜的反射的原理,方便下层预留钢筋与上层装配式柱孔洞的插接。

图 1.22　装配式构件的吊装细部测量

如图 1.23、图 1.24 所示是叠合梁和叠合板的吊装,它们的吊装难度大,有必要时可以在现场进行预拼装或建造标准展示区。

图 1.23　装配式叠合梁吊装

为了增加装配式构件和现浇层之间的连接,确保结构的可靠性和安全性,装配式构件表面都留有键槽或做毛糙处理。装配式构件之间可以有多种连接方式,目前楼板通常采用"7+8"的形式(70mm 厚预制楼板+80mm 厚现浇层),如图 1.25 所示。主次梁节点连接如图 1.26 至图 1.28 所示,展示了装配式构件之间连接处理方式的多样性。

那么多的构件在吊装时如何才能做到不出错呢?就是给构件编号。为了减少施工错误,加快工程进度,使每一个构件都拥有自己独一无二的编号,方便对号入座,如图 1.29 所示。

图 1.24　装配式叠合板吊装

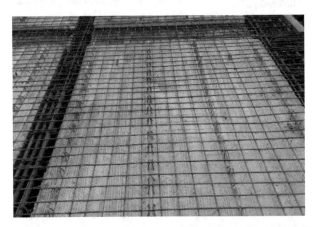

图 1.25　吊装完毕,绑扎好现浇层的钢筋,准备浇筑现浇层混凝土

图 1.26　主次梁连接边节点——主梁预留槽口

图 1.27　主次梁连接中节点——主梁预留后浇段

图 1.28　主次梁连接节点——主梁设置牛腿

图 1.29　墙、板、楼梯等各种装配式构件的独一无二的编号

（5）成本管控

成本控制和设计管理是装配式混凝土建筑实施过程的画龙点睛之处。装配式混凝土建筑有两个重要指标：装配面积占比和预制率。装配面积占比＝实施装配面积÷地上总计容面积。预制率＝装配式构件总体积÷总的混凝土体积。预制率越高成本越高，初步统计，预制率每增加 10%，成本每平方米增加 150 元左右。

因此，成本控制是装配式混凝土建筑实施过程需重点把控的内容之一。首先，由于预制构件生产要与工厂预约，且这些工厂的产能有限，对首期开发的时间成本造成很大的压力，因此，装配式混凝土建筑要尽量避免选择在首开区。其次，需要对结构构件进行拆分，选择预制构件重复数大的单体，一般构件重复数要大于 100 件，重复越多越划算。

装配式构件繁多，其具体进行拆分的依据是：预制构件尺寸遵循少规格，多组合的原则；外立面的外围护构件尽量单开间拆分；预制剪力墙接缝位置选择在结构受力较小处；长度较大的构件拆分时可考虑对称居中拆开；考虑现场脱模、堆放、运输、吊装的影响，要求单个构件重量尽量接近，一般不超过 6t，高度不宜超过层高，长度不宜超过 6 m。

与传统现浇混凝土建筑相比，装配式混凝土建筑对设计、施工等各专业的配合度要求更高，需要各专业尽早参与配合，如图 1.30 所示。

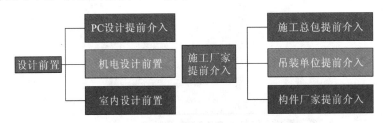

图 1.30　前置介入分工

同时，在设计过程中还需进行 BIM 建模，模拟装配式构件预留钢筋与现浇部位钢筋的位置关系和连接，大大减少现场施工过程中构件的错位和碰撞，如图 1.31、图 1.32 所示。

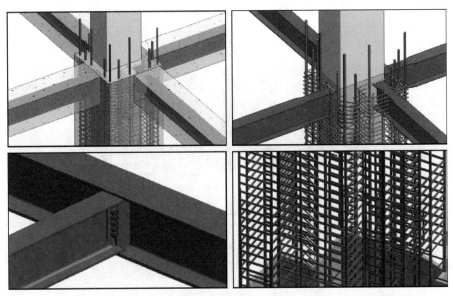

图 1.31　BIM 模拟装配式构件预留钢筋与现浇部位钢筋的位置关系和连接

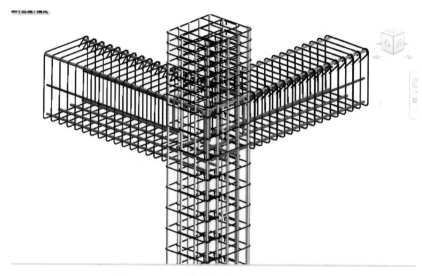

图 1.32 BIM 模拟钢筋位置关系和连接

 课后练习题

1. 简述装配式混凝土建筑的概念。
2. 简述预制率和装配率的概念及计算方法。
3. 什么是建筑工业化？建筑工业化的主要特点有哪些？
4. 装配式构件具体拆分的依据是什么？

项目2　装配式混凝土建筑常用材料与构造

> **知识目标：**熟悉混凝土的性能；掌握钢筋的种类和性能；熟练掌握钢筋的连接方法；掌握外墙保温的材料和做法。
>
> **技能目标：**掌握预制阶段的混凝土和后浇混凝土的施工要求，能够准确判断混凝土的性能；掌握后浇混凝土的连接要求和工艺；掌握钢筋的连接方法；了解保温材料的应用。
>
> **素养目标：**培养学生的社会参与感，让学生在实践中不断创新，增强学生运用相关技术的熟练程度和解决问题的能力。
>
> **思政元素：**装配式混凝土建筑的安全性能要求学生了解当代建筑学教育家吴良镛教授的故事及其成就；根据建筑节能的要求让学生具备创新和探索意识。
>
> **实现形式：**情景启发式教学法、榜样示范教学法、问题探究法等多种形式。

2.1　混　凝　土

2.1.1　混凝土的性能

混凝土是由胶凝材料、粗集(骨)料、细集(骨)料、水(必要时可加入外加剂和掺合料)按一定比例配合，经搅拌、浇筑、养护硬化而成的具有一定强度的人造石材，是当代最主要的建筑工程材料之一。混凝土的主要性能包括强度和和易性等。

(1)强度

混凝土的强度是混凝土硬化后的最重要的力学性能。混凝土的强度是指混凝土抵抗压、拉、弯、剪等应力的能力。水灰比、水泥品种和用量、集料的品种和用量以及搅拌、成型、养护等工序的作业质量都直接影响混凝土的强度。混凝土强度等级应按立方体抗压强度标准值确定。立方体抗压强度标准值是指按标准方法制作、养护的边长为150mm的立方体试件，在28d或设计规定龄期以标准试验方法测得的具有95%保证率的抗压强度值。混凝土具有良好的抗压能力，但是抗拉强度仅为其抗压强度的1/20～1/10，因此应避免混凝土在受拉状态或复杂受力状态下工作。

(2)和易性

混凝土拌合物的和易性是指混凝土易于各工序施工操作并能获得质量均匀、成型密实的混凝土的性能。混凝土拌合物和易性直接影响混凝土施工操作的难易程度，以及混凝土凝固成型的质量。因此,合理选择和易性适合的混凝土拌合物对于建筑工程的顺利实施非常重要。工程上常在满足施工操作及混凝土成型密实的条件下,尽可能选用较小坍落度的混凝土。

此外,混凝土的工作性能还包括抗渗性、耐久性和变形能力。它们都会影响混凝土构件的工作能力。装配式混凝土建筑中,混凝土既需用到预制构件的生产中,还需用到施工现场后浇混凝土区段的施工当中。

2.1.2　预制构件混凝土

在装配式混凝土建筑的施工过程中,预制混凝土构件在养护成型后,需要经过存储、运输、吊装、连接等工序后才能应用于建筑本身。考虑到这个过程当中混凝土构件可能遭受难以预计的荷载组合,因此有必要提高预制混凝土构件的质量。

预制构件的混凝土强度等级不宜低于 C30。预应力混凝土预制构件的混凝土强度等级不宜低于 C40,且不应低于 C30。混凝土工作性能指标应根据预制构件产品特点和生产工艺确定。拌制混凝土的各原材料需经过质量检验合格后方可使用。混凝土应采用有自动计量装置的强制式搅拌机搅拌,并具有生产数据逐盘记录和实时查询功能。混凝土应按照混凝土配合比通知单进行生产,原材料每盘称量的允许偏差应符合表 2.1 的规定。

表 2.1　混凝土原材料每盘称量的允许偏差

项次	材料名称	允许偏差	备注
1	胶凝材料	±2%	要求允许偏差以内
2	粗、细集料	±3%	要求允许偏差以内
3	水、外加剂	±1%	要求允许偏差以内

为保证预制混凝土构件与现浇混凝土之间能够可靠连接,在预制混凝土构件制作时,宜将其接触面做成粗糙面或键槽。粗糙面是指预制构件结合面上凹凸不平或集料显露的表面,其面积不宜小于结合面的 80%,对于预制板其凹凸深度不应小于 4 mm,对预制梁端、柱端和墙端其凹凸深度不应小于 6 mm。键槽是指预制构件混凝土表面规则且连续的凹凸构造,其可实现预制构件和后浇混凝土的共同受力作用。键槽的尺寸和数量应经计算确定。对于预制梁端面的键槽,其深度不宜小于 30 mm,宽度不宜小于深度的 3 倍且不宜大于深度的 10 倍;键槽可贯通截面,当不贯通时槽口距离截面边缘不宜小于 50 mm;键槽间距宜等于键槽宽度,键槽端部斜面倾角不宜大于 30°。对于预制剪力墙侧面的键槽,其深度不宜小于 20 mm,宽度不宜小于深度的 3 倍且不宜大于深度的 10 倍;键槽间距宜等于键槽宽度;键槽端部斜面倾角不宜大于 30°。对于预制柱底部的键槽,其深度不宜小于 30 mm;键槽端部斜面倾角不宜大于 30°。

预制板与后浇混凝土叠合层之间的结合面应设置粗糙面。预制梁与后浇混凝土叠合层之间的结合面应设置粗糙面;预制梁端面应设置键槽且宜设置粗糙面(图 2.1)。预制剪力墙的顶部和底部与后浇混凝土的结合面应设置粗糙面;侧面与后浇混凝土的结合面应做成粗糙面,也可设置键槽。预制柱的底部应设置键槽且宜做成粗糙面,柱顶应设置粗糙面。

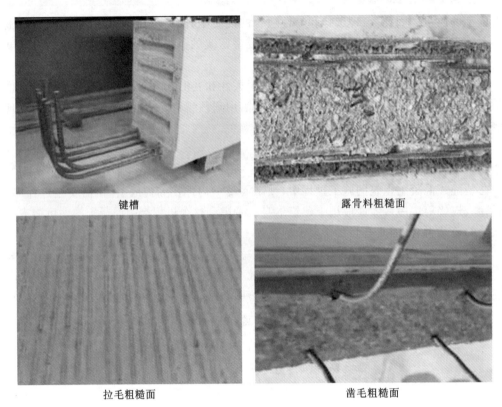

键槽   露骨料粗糙面

拉毛粗糙面   凿毛粗糙面

图 2.1　梁端键槽设置

预制构件粗糙面可采用模板面预涂缓凝剂的工艺,待脱模后采用高压水冲洗露出集料的方式制作,也可以在叠合面粗糙面混凝土初凝前进行拉毛处理。

2.1.3　后浇混凝土

目前我国装配式混凝土建筑建造主要采用的是将预制混凝土构件进行可靠连接并在连接部位浇筑混凝土而形成整体的方式,即采用装配整体式混凝土结构。可见,预制构件的连接需要施工现场进行浇筑混凝土作业。

装配式混凝土建筑中,现浇混凝土的强度等级不应低于 C25。此外,由于预制构件间的连接区段往往较小,以至于施工时作业面小,混凝土浇筑和振捣质量难以保证,因此结合部位和接缝处的现浇混凝土宜采用自密实混凝土,其他部位的现浇混凝土也建议采用自密实混凝土。

自密实混凝土是指具有高流动性、均匀性和稳定性,浇筑时无需外力振捣,能够在自重作用下流动并充满模板空间的混凝土。自密实混凝土的硬化性能与普通混凝土相似,而新拌混凝土性能则与普通混凝土相差很大。配制自密实混凝土宜采用硅酸盐水泥或普通硅酸盐水泥,不宜采用铝酸盐水泥、硫铝酸盐水泥等凝结时间短、流动性损失大的水泥;应合理选择集料的级配,粗骨料最大公称粒径不宜大于 20 mm,复杂形状的结构以及有特殊要求的工程,粗骨料最大公称粒径不宜大于 16 mm。

自密实混凝土宜采用集中搅拌方式生产,其搅拌时间应比非自密实混凝土适当延长,且不应少于 60 s;运输时应保持运输车的滚筒以 3～5r/min 匀速转动,卸料前宜高速旋转 20 s 以上。此外,应保持自密实混凝土泵送和浇筑过程的连续性。

自密实混凝土被称为近几十年中混凝土建筑技术最具革命性的发展,因为自密实混凝土拥有众多优点:

(1)保证混凝土良好地密实。

(2)提高生产效率。由于不需要振捣,混凝土浇筑需要的时间大幅度缩短,工人劳动强度大幅度降低,需要工人数量减少。

(3)改善工作环境和安全性。没有振捣噪声,避免工人长时间手持振动器导致的"手臂振动综合症"。

(4)改善混凝土的表面质量。不会出现表面气泡或蜂窝麻面,不需要进行表面修补;能够逼真呈现模板表面的纹理或造型。

(5)增加了结构设计的自由度。不需要振捣,可以浇筑成型形状复杂、薄壁和密集配筋的结构。以前,这类结构往往因为混凝土浇筑施工的困难而限制采用。

(6)避免了振捣对模板产生的磨损。

(7)减少混凝土对搅拌机的磨损。

(8)可能降低工程整体造价。从提高施工速度、减少环境对噪声限制、减少人工和保证质量等方面降低成本。

缺点:自密实混凝土硬化后的耐久性非常有限,尤其是在寒冷气候条件下;同时,自密实混凝土中还有不稳定的气泡,高流动自密实性混凝土与普通混凝土相比,干燥收缩略大。

2.2 钢筋和钢材

2.2.1 钢筋

(1)纵向受力钢筋

装配式混凝土建筑所使用的钢筋宜采用高强度钢筋。纵向受力普通钢筋宜采用HRB400、HRB500、HRBF400、HRBF500 钢筋,其中梁、柱纵向受力普通钢筋应采用HRB400、HRB500、HRBF400、HRBF500 钢筋,如图 2.2 和图 2.3。钢筋的强度标准值应具有不小于 95% 的保证率。普通钢筋采用套筒灌浆连接和浆锚搭接连接时,钢筋应采用热轧带肋钢筋。热轧钢筋的肋,可以使钢筋与灌浆料之间产生足够的摩擦力,有效地传递应力,从而形成可靠的连接接头。

图 2.2 纵向受力钢筋实况

（2）钢筋锚固板

锚固板是指设置于钢筋端部用于钢筋锚固的承压板。钢筋锚固板的锚固性能安全可靠,施工工艺简单,加工速度快,有效地减少了钢筋的锚固长度从而节约了钢材。钢筋锚固板是解决节点核心区钢筋拥堵的有效方法,具有广阔的发展前景。

按照发挥钢筋抗拉强度的机理不同,锚固板分为全锚固板和部分锚固板。全锚固板是指依靠锚固板承压面的混凝土承压作用发挥钢筋抗拉强度的锚固板;部分锚固板是指依靠埋入长度范围内钢筋与混凝土的黏结和锚固板承压面的混凝土承压作用共同发挥钢筋抗拉强度的锚固板,如图 2.4 所示。

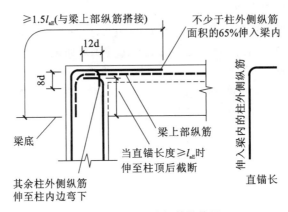

图 2.3　纵向受力钢筋结构图

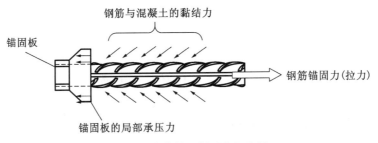

图 2.4　钢筋锚固板受力示意图

锚固板应按照不同分类确定其尺寸,且应符合下列要求:

①全锚固板承压面积不应小于钢筋公称面积的 9 倍。

②部分锚固板承压面积不应小于钢筋公称面积的 4.5 倍。

③锚固板厚度不应小于被锚固钢筋直径的 1 倍。

④当采用不等厚或长方形锚固板时,除应满足上述面积和厚度要求外,尚应通过国家、省部级主管部门组织的产品鉴定,如图 2.5 所示。

（3）钢筋焊接网

钢筋焊接网是指具有相同或不同直径的纵向和横向钢筋分别以一定间距垂直排列,全部交叉点均用电阻点焊焊在一起的钢筋网片。钢筋焊接网适合工厂化、规模化生产,是效益高、符合环境保护要求、适应建筑工业化发展趋势的新兴产业。如图 2.6 所示。

在预制混凝土构件中,尤其是墙板、楼板等板类构件中,推荐使用钢筋焊接网,以提高生

图 2.5　钢筋锚固板实物图

产效率。在进行结构布置时,应合理确定预制构件的尺寸和规格,便于钢筋焊接网的使用。钢筋焊接网应符合相关现行行业标准的规定。

图 2.6　钢筋焊接网

（4）吊装预埋件

为了节约材料、方便施工、吊装可靠,并避免外露金属件的锈蚀,预制构件宜优先采用内埋式螺母、内埋式吊杆或预留吊装孔。吊装用内埋式螺母、吊杆、吊钉等应根据相应的产品标准和应用技术规程选用,其材料应符合国家现行相关标准的规定。如果采用钢筋吊环,应采用未经冷加工的 HPB300 级钢筋制作。

2.2.2　钢材

为保证承重结构的承载能力和防止在一定条件下出现脆性破坏,应根据结构的重要性、荷载特征、结构形式、应力状态、连接方法、钢材厚度和工作环境等因素综合考虑,选用合适的钢材牌号和材性。

承重结构的钢材宜采用 Q235 钢、Q345 钢、Q390 钢和 Q420 钢,其质量应符合相关现行国家标准的规定。当采用其他牌号的钢材时,尚应符合相应有关标准的规定和要求,如图2.7 所示。

图 2.7 承重结构的钢材

2.3 钢筋连接

装配式混凝土建筑中,钢筋连接方式不仅包括传统的焊接、机械连接和搭接,还包括钢筋套筒灌浆连接和浆锚搭接连接。其中,钢筋套筒灌浆连接的应用最为广泛。

2.3.1 套筒灌浆连接

钢筋套筒灌浆连接是指在预制混凝土构件内预埋的金属套筒中插入钢筋并灌注水泥基灌浆料而实现的钢筋连接方式(图 2.8)。这种技术在美国和日本已经有近 40 年的应用历史,在我国台湾地区也有多年的应用历史。40 年来,上述国家和地区对钢筋套筒灌浆连接的技术进行了大量的试验研究,采用这项技术的建筑物也经历了多次地震的考验,包括日本一些大地震的考验。美国认证协会(ACI)明确地将这种接头归类为机械连接接头,并将这项技术广泛用于预制构件受力钢筋的连接,同时也用于现浇混凝土受力钢筋的连接,是一项十分成熟和可靠的技术。在我国这种接头在电力和冶金行业有过 20 余年的成功应用,近年来开始引入建工行业。中国建筑科学研究院、中冶建筑研究总院有限公司、清华大学、万科企业股份有限公司等单位都对这种接头进行了一定数量的试验研究工作,证实了它的安全性。

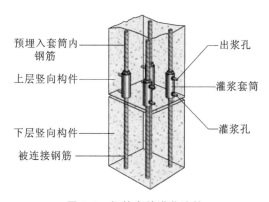

预埋入套筒内钢筋

上层竖向构件

下层竖向构件

被连接钢筋

出浆孔

灌浆套筒

灌浆孔

图 2.8　钢筋套筒灌浆连接

（1）灌浆套筒

钢筋连接用灌浆套筒,是指通过水泥灌浆料的传力作用将钢筋对接连接所用的金属套筒。如图 2.9 所示。按加工方式分类,灌浆套筒分为铸造灌浆套筒和机械加工灌浆套筒。按结构形式分类,灌浆套筒可分为全灌浆套筒和半灌浆套筒。全灌浆套筒是指接头两端均采用灌浆方式连接钢筋的灌浆套筒;半灌浆套筒是指接头一端采用灌浆方式连接,另一端采用非灌浆方式连接钢筋的灌浆套筒,通常另一端采用螺纹连接。

图 2.9　钢筋连接用灌浆套筒

半灌浆套筒按非灌浆一端的连接方式分类,可分为直接滚轧直螺纹灌浆套筒、剥削滚轧直螺纹灌浆套筒和镦粗直螺纹灌浆套筒。

其中,灌浆孔是指用于加注水泥灌浆料的入料口,通常为光孔或螺纹孔;排浆孔是指用于加注水泥灌浆料时通气并将注满后的多余灌浆料溢出的排料口,通常为光孔或螺纹孔。

采用套筒灌浆连接的构件混凝土强度等级不宜低于 C30。钢筋套筒灌浆端最小直径与连接钢筋公称直径的差值,当钢筋直径为 12～25 mm 时,不应小于 10 mm;当钢筋直径为 28～40 mm 时,不应小于 15 mm。灌浆套筒用于钢筋锚固的深度不宜小于插入钢筋公称直径的 8 倍。当灌浆套筒规定的连接钢筋直径与实际用于连接的钢筋直径不同时,应按灌浆套筒灌浆端用于钢筋锚固的深度要求确定钢筋锚固长度。

钢筋套筒灌浆连接接头的抗拉强度和屈服强度不应小于连接钢筋的抗拉强度和屈服强度标准值,且破坏时应断于接头外钢筋。设计与施工时应注意,应采用与连接钢筋牌号、直径配套的灌浆套筒。接头连接钢筋的强度等级不应大于灌浆套筒规定的连接钢筋强度等级。接头连接钢筋的直径规格不应大于灌浆套筒规定的连接钢筋直径规格,且不宜小于灌浆套筒规定的连接钢筋直径规格一级以上。为保证灌浆施工的可行性,竖向构件的配筋应结合灌浆孔、出浆孔的位置,使灌浆孔、出浆孔对外,以便为可靠灌浆提供施工条件。此外,对于截面尺寸较大的竖向构件,尤其是对于底部设置键槽的预制柱,应再设置排气孔。

混凝土构件中灌浆套筒的净距不应小于 25 mm。混凝土构件的灌浆套筒长度范围内,预制混凝土柱箍筋的混凝土保护层厚度不应小于 20 mm,预制混凝土墙最外层钢筋的混凝土保护层厚度不应小于 15 mm。

(2)钢筋连接用套筒灌浆料

钢筋连接用套筒灌浆料,是以水泥为基本材料,配以细集料,以及混凝土外加剂和其他材料组成的干混料,加水搅拌后具有良好的流动性、早强、高强、微膨胀等性能,具体见表2.2,填充于套筒和带肋钢筋间隙内的干粉料,简称套筒灌浆料。

表 2.2　套筒灌浆料的性能要求

检测项目		性能指标	备注
流动性/mm	初始	≥300	
	30 min	≥260	
抗压强度/MPa	1 d	≥35	
	3 d	≥60	
	28 d	≥85	
竖向膨胀率/%	3 h	≥0.02	
	24 h 与 3 h 差值	0.02～0.5	差值范围
氯离子含量/%		≤0.3	
泌水率/%		0	是指泌水量与混凝土拌合物含水量之比

灌浆料抗压强度不应低于核定设计要求的灌浆料抗压强度。灌浆料抗压强度试件尺寸应按 40 mm×40 mm×160 mm 尺寸制作,其加水量应按灌浆料产品说明书确定,试件应按标准方法制作、养护。

钢筋连接用套筒灌浆料多采用预拌成品灌浆料。生产厂家应提供产品合格证,使用说明书和产品质量检测报告。交货时,产品的质量验收可抽取实物试样,以其检验结果为依据,也可以产品同批号的检验报告为依据。采用何种方法验收由买卖双方商定,并在合同或协议中注明。

套筒灌浆料应采用防潮袋(筒)包装。每袋(筒)净含量宜为 25 kg 或 50 kg 且不应小于标志质量的 99%。包装袋(筒)上应标明产品名称、净质量、使用说明、生产厂家(包括单位地址、电话)、生产批号、生产日期、保质期等内容。

产品运输和储存时不应受潮和混入杂物;产品应储存于通风、干燥、阴凉处,运输过程中应注意避免阳光长时间照射。

2.3.2　浆锚搭接连接

钢筋浆锚搭接连接是指在预制混凝土构件中预留孔道,在孔道中插入需搭接的钢筋,并灌注水泥灌浆料而实现的钢筋搭接连接方式。构件安装时,将需搭接的钢筋插入孔洞内至设定的搭接长度,通过灌浆孔向孔洞内灌入灌浆料,经灌浆料凝结硬化后完成连接,称为钢筋约束浆锚搭接连接,如图 2.10 所示。

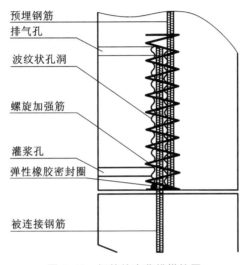

预埋钢筋
排气孔
波纹状孔洞
螺旋加强筋
灌浆孔
弹性橡胶密封圈
被连接钢筋

图 2.10　钢筋约束浆锚搭接图

钢筋浆锚搭接技术在欧洲有多年的应用历史和研究成果。早在 1989 年我国就将这项技术引入规范中。近年来,国内的科研单位及企业对各种形式的钢筋浆锚搭接连接接头进行了试验研究工作,已有一定的技术基础。钢筋浆锚搭接技术的关键,包括孔洞内壁的构造及其成孔技术,灌浆料的质量以及约束钢筋的配置方法等各个方面。鉴于我国目前对钢筋浆锚搭接连接接头尚无统一的技术标准,因此,目前行业对钢筋浆锚搭接在工程上的管理较为严格,应用也较少,其普及程度远远不如套筒灌浆连接技术。

直径大于 20 mm 的钢筋不宜采用浆锚搭接连接;直接承受动力荷载的构件纵向钢筋不应采用浆锚搭接连接。

2.4　其他材料

2.4.1　外墙保温拉结件

外墙保温拉结件是用于连接预制保温墙体内外层混凝土墙板,传递墙板剪力,以使内外层墙板形成整体的连接器,如图 2.11 所示。拉结件宜选用纤维增强复合材料或不锈钢薄钢板加工制作。

夹心外墙板中内外叶墙板的拉结件应符合下列规定:

①金属及非金属材料拉结件均应具有规定的承载力、变形和耐久性能,并应经过试验验证。

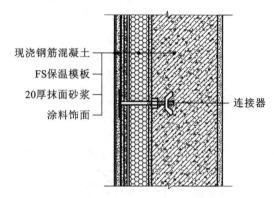

图 2.11　外层墙板整体连接器

②拉结件应满足夹心外墙板的节能设计要求。

③拉结件宜采用矩形或梅花形布置,间距一般为 400~600 mm,拉结件与墙体洞口边缘距离一般为 100~200 mm。当有可靠依据时也可按设计要求确定。

2.4.2　夹心外墙板保温材料

外墙板保温材料依据材料性质来分类,可分为有机材料、无机材料和复合材料。不同的保温材料性能各异,材料的导热系数数值大小是衡量保温材料的重要指标。装配式混凝土建筑中,夹心外墙板中的保温材料,其导热系数不宜大于 0.040 W/(m·K),吸水率不宜大于 0.3% 体积比。常用的夹心外墙板保温材料有聚苯板(ES 板)、挤塑板(XPS 板)、石墨聚苯板、泡沫混凝土板、发泡聚氨酯板、真空绝热板等。外墙保温构造如图 2.12 所示。

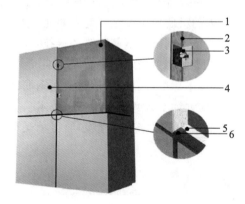

图 2.12　外墙保温构造

1—墙体;2—黏结剂;3—连接件;4—保温装饰板;5—缝口保温材料;6—密封材料和透气元件

2.4.3　外装饰材料

当装配式混凝土建筑采用全装修方式建造时,还可能使用到外装饰材料,如涂料和面砖等。其材料性能、质量应满足现行相关标准和设计要求。当采用面砖饰面时,宜选用背面带燕尾的面砖,燕尾槽尺寸应符合工程设计和相关标准要求。其他外装饰材料应符合相关标准的规定。墙体外装饰构造如图 2.13 所示。

外装饰材料应符合以下要求:

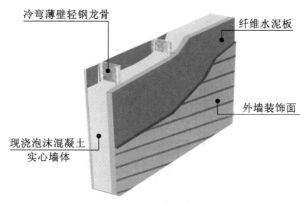

图 2.13　墙体外装饰构造

①石材、面砖、饰面砂浆及真石漆等外装饰材料应有产品合格证和出厂检验报告,质量应满足现行相关标准的要求。装饰材料进厂后应按规范的要求进行复检。

②石材和面砖应按照预制构件设计图编号、品种、规格、颜色、尺寸等分类标识存放。

③当采用石材或瓷砖饰面时,其抗拔力应满足相关规范及安全使用的要求。当采用石材饰面时,应进行防返碱处理。厚度在 25 mm 以上的石材宜采用卡件连接。瓷砖背沟深度应满足相关规范的要求。面砖采用反贴法时,使用的黏结材料应满足现行相关标准的要求。

2.5　墙体接缝构造

墙体是建筑物竖直方向的主要构件,其主要作用是承重、围护和分隔空间。作为建筑物的外墙,除需具备设计要求的强度、刚度和稳定性外,还需要具有保温、隔热、隔声、防火和防水能力。

对于装配式混凝土建筑而言,预制墙体间的接缝质量,对于墙体实现上述性能要求意义重大。施工时应保证接缝处的作业质量(图 2.14)。接缝材料应与混凝土具有相容性以及规定的抗剪切和伸缩变形能力,并具有防霉、防火、防水、耐腐等性能。对于有防水要求的外墙,接缝处必须用有可靠防水性能的嵌缝材料,且材料的嵌缝深度不得小于 20 mm。

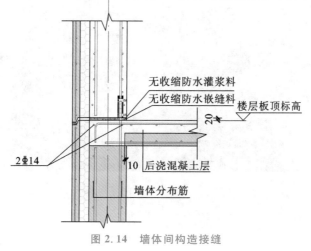

图 2.14　墙体间构造接缝

目前最常见的防水措施是构造防水和材料防水相结合的防水措施(图 2.15)。其中防水材料常采用具有弹性塑料(PE 棒)为背衬的耐候性防水密封胶条;防水构造常采用高低企口缝、双直槽缝等构造措施。外墙板接缝防水施工应由专业人员进行。

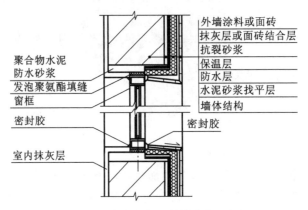

图 2.15　构造防水和材料防水示意图

外墙板接缝防水施工前,应将板缝空腔清理干净。施工时应按设计要求填塞背衬材料。密封材料嵌填应饱满、密实、均匀、顺直、表面平滑,其厚度应符合设计要求。

2.6　案例分析

江苏省首个绿色智慧办公建筑
——南京长江都市智慧总部采用装配式装修＋数字孪生技术

2023 年 10 月 7 日,江苏省住房和城乡建设厅公布 2023 年度江苏省绿色建筑创新项目获奖名单,南京长江都市智慧总部建设项目获一等奖,如图 2.16 所示。

图 2.16　南京长江都市智慧总部

(1)项目基本信息

南京长江都市智慧总部位于南京市卡子门大街宁溧路东侧园区,如图 2.17 所示,园区总建筑面积约 28.2 万 m^2，南京长江都市智慧总部为园区的 4 号楼，地上 16 层，建筑高度 69 m，建筑装修面积约 24509 m^2。

图 2.17 南京长江都市智慧总部位置信息

（2）设计理念

本案例以科技智能、绿色生态、健康舒适、节能环保为设计主旨，打造可感知、可调节、可成长、易维护、可更换的江苏省第一栋规模化应用装配化装修绿色智慧办公建筑，如图 2.18 所示。

    智慧建筑   绿色建筑   健康建筑

图 2.18 南京长江都市智慧总部设计理念

（3）技术策略

办公楼全面采用了装配化装修技术，标准化部品部件规模化的应用大大提高了施工效率，如图 2.19 所示。

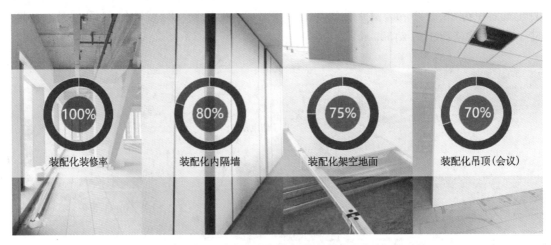

图 2.19　南京长江都市智慧总部装配化率

在设计上做到了"两升一降"：提升空间使用效率 5％，提升办公区采光、通风，降低设备平台与电梯厅的噪声，如图 2.20 所示。

图 2.20　项目的"两升一降"

在施工上做到了"三提一变"：提升日常设备检修的便利，提升施工透明度，提高施工精度，空间可变、灵活办公，如图 2.21 所示。

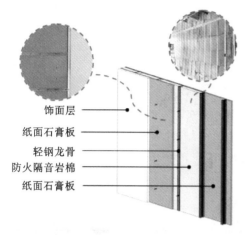

饰面层
纸面石膏板
轻钢龙骨
防火隔音岩棉
纸面石膏板

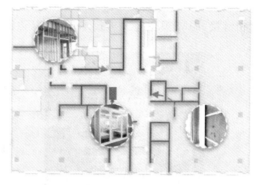

轻钢龙骨隔墙
装配化墙板快装墙面

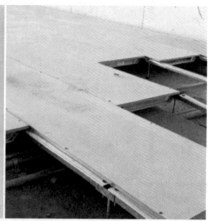

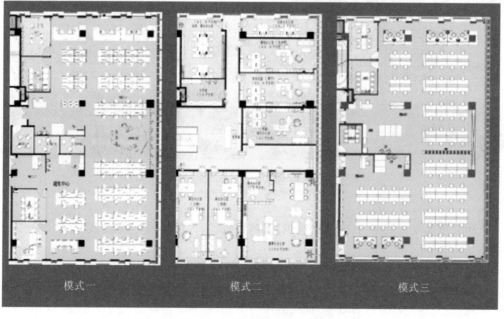

模式一　　　　　模式二　　　　　模式三

图 2.21　项目的"三提一变"

装修基于全寿命发展与多专业一体化协同平台（图 2.22）：通过 BIM 与智慧建筑管理平台相链接，BIM 模拟施工等技术手段，以达到省心、省钱、省时的目的。

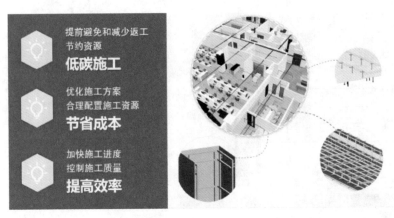

图 2.22　项目的一体化协同平台

在设计初期，与内装进行协同设计，提前预留好点位，从而打造"长江都市智慧办公建筑全场景解决方案"，如图 2.23 所示。

图 2.23　项目的智慧办公建筑全场景解决方案

（4）安全保障，智慧安防

大楼采用重点人员识别、人员聚集识别、越线报警、入侵报警等视频 AI 技术，实现大楼的安全防护功能。

智慧消防：IBMS 管理平台设置了智慧消防模块，实时监测各类消防设备的运行状态，并进行可视化呈现。

应急响应：楼内设有应急预案系统，并支持消防、应急一键疏散。

（5）健康舒适

通过物联网技术将建筑内温湿度、空气质量、水质等环境要素的质量及指标进行采集，通过信息发布屏进行可视化呈现；设备联动：项目实现了空调系统自动调优功能。在主要功能区域，空调可以通过分段、定时进行控制，也可以设置上下限温度，当空气污染物浓度超标时，可自动联动新风机。

（6）工作效率

结合大楼自用且人员固定的特点，本项目办公空间的工位主要分为固定工位和共享工位。工位使用信息通过电子地图进行呈现。员工可以通过移动端在线浏览和预约共享工位。

本项目智慧大楼内除办公空间外，还配套共享和休闲空间，包括员工休息室、健身房、羽毛球场、乒乓球场等，员工可通过在线预约有序地使用配套资源。

（7）管理效益

建立设备设施电子档案，实现设施设备"运行状态可视，运维作业可管，运行风险可控"。

空间管理：智慧建筑运维平台的空间管理模块基于 BIM 模型对智慧大楼不同功能空间分布情况进行三维展示，实现设备设施三维空间联动查询（图 2.24）。

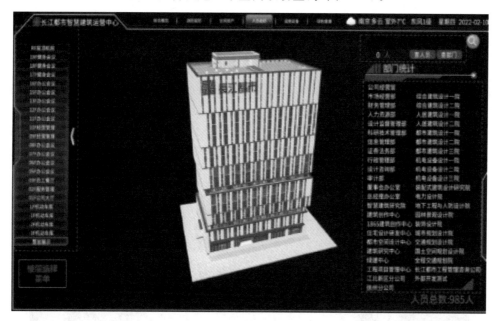

图 2.24　项目的三维空间联动查询

（8）用户满意度

员工餐厅设置了智能摄像机，可分析人流量，评价排队情况，减少就餐人员的排队等待时间，同时通过智慧平台实现分批就餐，提升就餐舒适度。餐厅内设置了智慧餐饮系统，可刷脸、刷卡结算，可记录菜品健康参数，计算卡路里，分析用餐习惯，提供健康建议，如图 2.25 所示。

（9）提高与创新

本项目将物联网、大数据、云计算、人工智能、BIM 等新一代数字信息技术与建筑深度融合应用，在建筑数字化、智慧化运营方面做了大量实践性探索，对于未来智慧建筑的建设和运营有着很强的参考研究价值和实际指导意义。

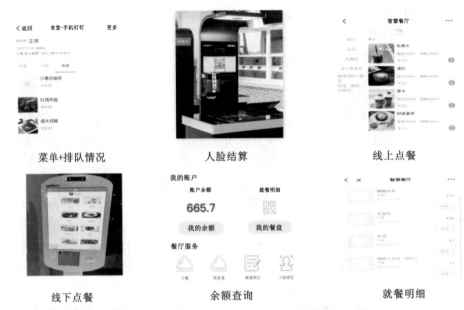

菜单+排队情况　　　　　　人脸结算　　　　　　　线上点餐

线下点餐　　　　　　　余额查询　　　　　　　就餐明细

图 2.25　项目的用餐参数展示

①数字孪生技术的应用：办公楼采用了数字孪生技术，BIM＋智能化技术贯穿办公楼全生命周期，在 3D BIM 运维平台下，实现办公楼全域管理；

②专家诊断系统：实现了建筑内多项数据采集以及处理，可按月、按年结合用能限额指标和定额指标进行分析，并输出能源审计报告；

③碳排放：通过采集或录入用电量、天然气使用量、用水量、空调冷媒逸散、废弃物以及厨余垃圾等数据，根据碳排放计算标准，计算大楼碳排放量，并对碳排放评价结果进行分析，如图 2.26 所示。

图 2.26　项目的数字化、智慧化运营

 课后练习题

1. 预制混凝土构件表面的粗糙面和键槽分别有哪些要求？
2. 灌浆套筒按其结构形式可分成哪几类？
3. 套筒灌浆料的技术性能应满足哪些要求？
4. 简述外墙接缝处常用的防水措施。

项目 3　装配式混凝土建筑设计技术

学习目标：了解装配式混凝土建筑设计的相关要求；掌握装配式混凝土高层建筑设计要求；掌握装配式混凝土建筑深化设计的原则。

技能目标：进行装配式混凝土建筑设计时能灵活运用模数协调；可以独立完成小型装配式混凝土建筑的集成设计。

素养目标：培养学生的审美情趣，让学生通过设计作品认知美，感受美，创造美；培养学生熟练运用科学技术解决问题的能力；在深厚的人文素养和人文积淀影响下，不断把自己塑造成全面发展的社会人。

思政元素：树立学生做一名建筑设计师的理想和信念，让学生结合自身向著名建筑设计师学习，实现自身的建筑设计梦想。

了解中国古代两名杰出的建筑设计师：李诫和李春。李诫是北宋时期最有名的建筑师之一，他监掌宫室、城郭、桥梁、舟车营缮事宜，主持编订了《营造法式》。李春是中国隋代著名桥梁工匠，建造了赵州桥。

了解中国近现代的著名建筑学家和教育家梁思成先生。

培养学生的独立自学能力，培养学生辩证思维的能力，激发学生创新的意识。

实现形式：运用探究式教学法、线上线下相结合的教学法、小组讨论教学法等进行课堂教学。

3.1　建　筑　设　计

装配式混凝土建筑设计应遵循建筑全周期的可持续性原则，并应满足模数协调，标准化设计和集成设计等要求。

3.1.1　模数协调

装配式混凝土建筑设计应采用模数来协调结构构件、内装部品、设备与管线之间的尺寸关系，做到部品部件设计、生产和安装等相互间尺寸协调，减少和优化各部品部件的种类和尺寸。

模数协调是建筑部品部件实现通用性和互换性的基本原则，使规格化、通用化的部品部件适用于常规的各类建筑，满足各种要求。大量的规格化、定型化部品部件的生产可稳定质量、降低成本。通用化部件所具有的互换能力，可促进市场的竞争和生产水平的提高。

装配式混凝土建筑的开间与柱距、进深与跨度、门窗洞口宽度等宜采用水平扩大模数数列(模数数列是以基本模数、扩大模数、分模数为基础扩展成的一系列尺寸,比如 $2nM,3nM$(n 为自然数)。层高和门窗洞口高度等宜采用竖向扩大模数数列 nM。梁、柱、墙等部件的截面尺寸宜采用竖向扩大模数数列 M。内装系统中的装配式隔墙、整体收纳空间和管道井等单元模块化部品宜采用基本模数,也可插入分模数数列 $nM/2$ 或 $nM/5$ 进行调整。构造节点和部件的接口尺寸宜采用分模数数列 $nM/2$、$nM/5$、$nM/10$(M 是模数协调的最小单位,1 M＝100 mm)。

装配式混凝土建筑的开间、进深、层高、洞口等主要尺寸应根据建筑类型、使用功能、部品部件生产与装配要求等确定。

装配式混凝土建筑的定位宜采用中心定位法与界面定位法相结合的方法。对于部件的水平定位宜采用中心定位法。部件的竖向定位和部品的定位宜采用界面定位法。

装配式混凝土建筑应严格控制预制构件之间、预制构件与现浇构件之间的建筑公差。部品部件尺寸及安装位置的公差协调应根据生产装配要求,主体结构层间变形,密封材料变形,材料干缩、温差引起变形,施工误差等确定。接缝的宽度应满足主体结构层间变形,密封材料变形,施工误差,温差引起变形等的要求,防止接缝漏水等质量事故发生。

3.1.2　标准化设计

建筑中相对独立,具有特定功能,能够通用互换的单元称为模块。装配式混凝土建筑应采用模块及模块组合的设计方法,遵循少规格、多组合的原则。公共建筑应采用楼电梯、公共卫生间、公共管井、基本单元等模块进行组合设计。住宅建筑应采用楼电梯、公共管井、集成式厨房、集成式卫生间等模块进行组合设计。

装配式混凝土建筑部品部件的接口应具有统一的尺寸规格与参数,并满足公差配合及模数协调,这样的接口称作标准化接口。

装配式混凝土建筑设计应重视其平面、立面和剖面的规则性,宜优先选用规则的形体,同时便于工厂化、集约化生产加工,提高工程质量,并降低工程造价。装配式混凝土建筑平面设计应采用大开间大进深、空间灵活可变的布置方式;平面布置应规则,承重构件布置应上下对齐贯通,外墙洞口宜规整有序;设备与管线宜集中设置,并应进行管线综合设计。在装配式混凝土建筑立面设计中,外墙、阳台板、空调板、外窗、遮阳设施及装饰等部品部件宜进行标准化设计;宜通过建筑体量、材质肌理、色彩等变化,形成丰富多样的立面效果;装饰面层宜采用清水混凝土、装饰混凝土、免抹灰涂料和反打面砖等耐久性强的建筑材料。

装配式混凝土建筑应根据建筑功能、主体结构、设备管线及装修等要求,确定合理的层高及净高尺寸。

3.1.3　集成设计

集成设计是指建筑结构系统、外围护系统、设备与管线系统、内装系统一体化的设计。装配式混凝土建筑应进行集成设计,提高集成度、施工精度和效率。各系统设计应统筹考虑材料性能、加工工艺、运输限制、吊装能力等要求。

结构系统宜对功能复合度高的部件进行集成设计,优化部件规格;应满足部件加工、运输、堆放、安装的尺寸和重量要求。

外围护系统应对外墙板、幕墙、外门窗、阳台板、空调板及遮阳部件等进行集成设计,应采用提高建筑性能的构造连接措施,并宜采用单元式装配外墙系统。

设备与管线系统应集成设计。给水排水、暖通空调、电气智能化、燃气等设备与管线应综合设计;宜选用模块化产品,接口应标准化,并应预留扩展条件。

内装设计应与建筑设计、设备与管线设计同步进行;内装系统宜采用装配式楼地面、墙面、吊顶等部品系统;住宅建筑宜采用集成式厨房、集成式卫生间及整体收纳等部品系统。

接口及构造设计也应进行集成设计。结构系统部件、内装部品部件和设备管线之间的连接方式应满足安全性和耐久性要求;结构系统与外围护系统宜采用干式工法连接,其接缝宽度应满足结构变形和温度变形的要求;部品部件的构造连接应安全可靠,接口及构造设计应满足施工安装与使用维护的要求,应确定适宜的制作公差和安装公差设计值;设备管线接口应避开预制构件受力较大部位和节点连接区域。

3.1.4 其他

装配式混凝土建筑(图 3.1)设计宜建立信息化协同平台,采用标准化的功能模块、部品部件等信息库,统一编码、统一规则,全专业共享数据信息,实现建设全过程的管理和控制。

图 3.1 装配式混凝土建筑施工图

装配式混凝土建筑应满足建筑全寿命期的使用维护要求,宜采用管线分离的方式。

装配式混凝土建筑应满足国家现行标准有关防火、防水、保温、隔热及隔声等要求。

3.2 结 构 设 计

结构系统是指由结构构件通过可靠的连接方式装配而成,以承受或传递荷载作用的整体。装配式混凝土建筑应采取有效措施加强结构的整体性,保证结构和构件满足承载力、延展性和耐久性的要求。

装配式混凝土结构属于混凝土结构的一个子类别,除了应执行装配式混凝土建筑相关规定外,还应符合现行混凝土结构规范、规程等的要求。

目前,我国装配式混凝土建筑仅在抗震设防烈度为 8 度及以下的地区推广和采用。

3.2.1　最大适用高度

装配整体式混凝土结构房屋最大适用高度应满足表 3.1 的要求。

表 3.1　装配整体式混凝土结构房屋的最大适用高度(m)

结构类型	抗震设防烈度			
	6 度	7 度	6 度(0.20g)	8 度(0.30g)
装配整体式框架结构	60	50	40	30
装配整体式框架-现浇剪力墙结构	130	120	100	80
装配整体式框架-现浇核心筒结构	150	130	100	90
装配整体式剪力墙结构	130(120)	110(100)	90(80)	70(60)
装配整体式部分框支剪力墙结构	110(100)	90(80)	70(60)	40(30)

注:①房屋高度指室外地面到主要屋面的高度,不包括局部突出屋顶的部分;
　　②部分框支剪力墙结构指地面以上有部分框支剪力墙的剪力墙结构,不包括仅个别框支墙的情况。

当结构中竖向构件全部为现浇且楼盖采用叠合梁板时,房屋的最大适用高度可按现浇混凝土建筑采用。

装配整体式剪力墙结构(图 3.2)和装配整体式部分框支剪力墙结构,在规定的水平力作用下,当预制剪力墙构件底部承担的总剪力大于该层总剪力的 50% 时,其最大适用高度应适当降低;当预制剪力墙构件底部承担的总剪力大于该层总剪力的 80% 时,最大适用高度应取表 3.1 中括号内的数值。

图 3.2　装配整体式剪力墙结构示意图

装配整体式剪力墙结构和装配整体式部分框支剪力墙结构,当剪力墙边缘构件竖向钢筋采用浆锚搭接连接时,房屋最大适用高度应比表 3.1 中数值降低 10。

超过表内高度的房屋,应进行专门研究和论证,采取有效的加强措施。

3.2.2　最大高宽比

高层装配整体式混凝土结构的高宽比不宜超过表 3.2 的数值。

表 3.2 高层装配整体式混凝土结构适用的最大高宽比

结构类型	抗震设防烈度	
	6 度、7 度	8 度
装配整体式框架结构	4	3
装配整体式框架-现浇剪力墙结构	6	5
装配整体式剪力墙结构	6	5
装配整体式框架-现浇核心筒结构	7	6

3.2.3 结构构件抗震等级

装配整体式混凝土结构构件的抗震设计,应根据设防类别、烈度、结构类型和房屋高度采用不同的抗震等级,并应符合相应的计算和构造措施要求。丙类装配整体式混凝土结构的抗震等级应按表 3.3 确定。

表 3.3 丙类建筑装配整体式混凝土结构的抗震等级

结构类别		6 度		7 度			8 度		
装配整体式框架结构	高度/m	≤24	>24	≤24	>24		≤24	>24	
	框架	四	三	三	二		二	一	
	大跨度框架	三		二			一		
装配整体式框架-现浇剪力墙结构	高度/m	≤60	>60	≤24	>24且≤60	>60	≤24	>24且≤60	>60
	框架	四	三	四	二	二	三	二	一
	剪力墙	三	三	三	二	二	二	二	一
装配整体式框架-现浇核心筒结构	框架	三		二			二		
	核心筒	二		二			一		
装配整体式剪力墙结构	高度/m	≤70	>70	≤24	>24且≤70	>70	≤24	>24且≤70	>70
	剪力墙	四	三	四	三	二	三	二	一
装配整体式部分框支剪力墙结构	高度/m	≤70	>70	≤24	>24且≤70	>70	≤24	>24且≤70	>70
	现浇框架	二	二	二	二	一	一	一	
	底部加强部位剪力墙	三	二	三	二	一	二	一	
	其他区域剪力墙	四	三	四	三	二	三	二	

注:①大跨度框架指跨度不小于 18m 的框架;
②高度不超过 60m 的装配整体式框架-现浇核心筒结构按装配整体式框架-现浇剪力墙要求设计时,应按表中装配整体式框架-现浇剪力墙结构的规定确定其抗震等级。

甲类、乙类建筑应按本地区抗震设防烈度提高一度的要求加强其抗震措施，但抗震设防烈度为 8 度时应按比 8 度更高的要求采取抗震措施；当建筑场地为Ⅰ类时，应允许仍按本地区抗震设防烈度的要求采取抗震构造措施。

丙类建筑当建筑场地为Ⅰ类时，除 6 度外，应允许按本地区抗震设防烈度降低一度的要求采取抗震构造措施。

当建筑场地为Ⅲ、Ⅳ类时，对设计基本地震加速度为 0.15g 的地区，宜按抗震设防烈度 8 度(0.20g)时各类建筑的要求采取抗震构造措施。

3.2.4　弹性层间位移角限值

弹性层间位移角是楼层内最大弹性层间位移与层高的比值。在风荷载或多遇地震作用下，结构楼层内弹性层间位移角限值应符合表 3.4 的规定。

表 3.4　弹性层间位移角限值

结构类型	弹性层间位移角限值
装配整体式框架结构	1/500
装配整体式框架-现浇剪力墙结构 装配整体式框架-现浇核心筒结构	1/800
装配整体式剪力墙结构 装配整体式部分框支剪力墙结构	1/1000

3.2.5　等同现浇设计

(1)当预制构件之间采用后浇带连接且接缝构造及承载力满足现行标准与规范的相应要求时，可按现浇混凝土结构进行模拟。

装配式混凝土结构中，存在等同现浇的湿式连接节点，也存在非等同现浇的湿式或者干式连接节点。对于现行标准与规范中列入的各种现浇连接接缝构造，如框架节点梁端接缝、预制剪力墙竖向接缝等，已经有了很充分的试验研究，当其构造及承载力满足规范中的相应要求时，均能够实现等同现浇的要求，因此弹性分析模型可按照等同于连续现浇的混凝土结构来模拟。

(2)对于现行标准与规范中未包含的连接节点及接缝形式，应按照实际情况模拟。

对于现行标准与规范中未列入的节点及接缝构造，当有充足的试验依据表明其能够满足等同现浇的要求时，可按照连续的混凝土结构进行模拟，不考虑接缝对结构刚度的影响。所谓充足的试验依据，是指连接构造及采用此构造连接的构件，在常用参数(如构件尺寸、配筋率等)、各种受力状态下(如弯、剪、扭或复合受力、静力及地震作用)的受力性能均进行过试验研究，试验结果能够证明其与同样尺寸的现浇构件具有基本相同的承载力、刚度、变形能力、延性、耗能能力等方面的性能水平。

对于干式连接节点，一般应根据其实际受力状况模拟为刚接、铰接或者半刚接节点。如梁、柱之间采用牛腿、企口搭接，其钢筋不连接时，则模拟为铰接节点；如梁柱之间采用后张预应力压紧连接或螺栓压紧连接一般应模拟为半刚性节点。计算模型中应包含连接节点，并准确计算出节点内力,以进行节点连接件及预埋件的承载力复核。连接的实际刚度可通过试验或者有限元分析获得。

3.2.6 其他

高层建筑装配整体式混凝土结构应符合下列规定:

(1)宜设置地下室,地下室宜采用现浇混凝土。地下室顶板作为上部结构的嵌固部位时,宜采用现浇混凝土以保证其嵌固作用。对嵌固作用没有直接影响的地下室结构构件,当有可靠依据时,也可采用预制混凝土。

调查表明:有地下室的高层建筑破坏比较轻,而且有地下室对提高地基的承载力有利;高层建筑设置地下室,可以提高其在风、地震作用下的抗倾覆能力。因此,高层建筑装配整体式混凝土结构宜规定设置地下室。

(2)剪力墙结构和部分框支剪力墙结构底部加强部位宜采用现浇混凝土。

高层建筑装配整体式剪力墙结构和部分框支剪力墙结构的底部加强部位是结构抵抗罕遇地震的关键部位。弹塑性分析和实际震害均表明,底部墙肢的损伤往往较上部墙肢严重,因此对底部墙肢的延性和耗能能力的要求较上部墙肢高。目前,高层建筑装配整体式剪力墙结构和部分框支剪力墙结构的预制剪力墙竖向钢筋连接接头面积百分率通常为100%,其抗震性能尚无实际震害经验,对其抗震性能的研究以构件试验为主,整体结构试验研究偏少,剪力墙墙肢的主要塑性发展区域采用现浇混凝土有利于保证结构整体抗震能力。因此,高层建筑剪力墙结构和部分框支剪力墙结构的底部加强部位的竖向构件宜采用现浇混凝土。

(3)框架结构的首层柱宜采用现浇混凝土,顶层宜采用现浇楼盖结构。

高层建筑装配整体式框架结构,首层的剪切变形远大于其他各层。震害表明,首层柱底出现塑性铰的框架结构,其倒塌的可能性大。试验研究表明,预制柱底的塑性铰与现浇柱底的塑性铰有一定的差别。在目前设计和施工经验尚不充分的情况下,高层建筑框架结构的首层柱宜采用现浇柱,以保证结构的抗地震倒塌能力。

(4)当底部加强部位的剪力墙、框架结构的首层柱采用预制混凝土时,应采取可靠的技术措施。

当高层建筑装配整体式剪力墙结构和部分框支剪力墙结构的底部加强部位及框架结构首层柱采用预制混凝土时,应进行专门研究和论证,采取特别的加强措施,严格控制构件加工和现场施工质量。在研究和论证过程中,应重点提高连接接头性能、优化结构布置和构造措施,提高关键构件和部位的承载能力,尤其是柱底接缝与剪力墙水平接缝的承载能力,确保实现"强柱弱梁"的目标,并对大震作用下首层柱和剪力墙底部加强部位的塑性发展程度进行控制。必要时应进行试验验证。

(5)结构转换层宜采用现浇楼盖。屋面层和平面受力复杂的楼层宜采用现浇楼盖;当采用叠合楼盖时,需提高后浇混凝土叠合层的厚度和配筋要求,楼板的后浇混凝土叠合层厚度不应小于100 mm,且后浇层内应采用双向通长配筋,钢筋直径不宜小于8 mm,间距不宜大于200 mm,同时叠合楼板应设置桁架钢筋。

3.3　设备及管线系统设计

3.3.1　一般规定

设备与管线系统是指由给水排水、供暖通风空调、电气和智能化、燃气等设备与管线组合而成,满足建筑使用功能的整体。

目前的建筑,尤其是住宅建筑,一般均将设备管线埋在楼板现浇混凝土或墙体中,把使用年限不同的主体结构和管线设备混在一起建造。若干年后,大量的建筑虽然主体结构尚可,但装修和设备等早已老化,改造更新困难,甚至不得不拆除重建,缩短了建筑使用寿命。因此,装配式混凝土建筑的设备与管线宜与主体结构相分离,应方便维修更换,且不应影响主体结构安全。这种将设备与管线设置在结构系统之外的方式称为管线分离(图 3.3)。

图 3.3　管线分离

装配式混凝土建筑的设备与管线宜采用集成化技术、标准化设计,当采用集成化新技术、新产品时应有可靠依据。设备与管线应合理选型、准确定位。设备和管线设计应与建筑设计同步进行,预留预埋应满足结构专业相关要求。装配式混凝土建筑的设备与管线设计宜采用建筑信息模型(BIM)技术。在结构深化设计以前,可以采用包含 BIM 在内的多种技术手段开展三维管线综合设计,对各专业管线在预制构件上预留的套管、开孔、开槽位置尺寸进行综合及优化,形成标准化方案,并做好精细设计以及定位,避免错漏碰缺,降低生产及施工成本,减少现场返工。不得在安装完成后的预制构件上剔凿沟槽、打孔开洞。穿越楼板管线较多且集中的区域可采用现浇楼板。

装配式混凝土建筑的部品与配管连接、配管与主管道连接及部品间连接应采用标准化接口,且应方便安装、使用、维护。

装配式混凝土建筑的设备与管线宜在架空层或吊顶内设置。公共管线、阀门、检修口、计量仪表、电表箱、配电箱、智能化配线箱等,应统一集中设置在公共区域。设备与管线穿越楼板和墙体时,应采取防水、防火、隔声、密封等措施。

3.3.2 给水排水

装配式混凝土建筑冲厕宜采用非传统水源。当市政中水条件不完善时,居住建筑冲厕用水可采用模块化户内中水集成系统,同时应做好防水处理。

装配式混凝土建筑给水系统设计应符合下列规定:

(1)给水系统配水管道与部品的接口形式及位置应便于检修更换,并应采取措施避免结构或温度变形对给水管道接口产生影响。

(2)给水分水器与用水器具的管道接口应一对一连接,在架空层或吊顶内敷设时,中间不得有连接配件,分水器设置位置应便于检修,并宜有排水措施。

(3)宜采用装配式的管线及其配件连接。

(4)敷设在吊顶或楼地面架空层的给水管道应采取防腐蚀、隔声减噪和防结露等措施。

在建筑排水系统中,器具排水管及排水支管不穿越本层结构楼板到下层空间、与卫生器具同层敷设并接入排水立管的排水方式,称为同层排水(图3.4)。

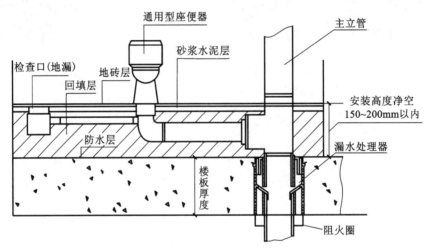

图 3.4　同层排水示意图

装配式混凝土建筑排水系统宜采用同层排水技术,同层排水管道敷设在架空层时,宜设积水排出措施。

装配式混凝土建筑的太阳能热水系统应与建筑一体化设计。

装配式混凝土建筑应选用耐腐蚀、使用寿命长、降噪性能好、便于安装及维修的管材、管件,以及连接可靠、密封性能好的管道阀门设备。

3.3.3 电气和智能化

装配式混凝土建筑的电气和智能化设备与管线的设计,应满足预制构件工厂化生产、施工安装及使用维护的要求。

(1)装配式混凝土建筑的电气和智能化设备与管线设置及安装应符合下列规定:

①电气和智能化系统的竖向主干线应在公共区域的电气竖井内设置。

②配电箱、智能化配线箱不宜安装在预制构件上。

③当大型灯具、桥架、母线、配电设备等安装在预制构件上时,应采用预留预埋件固定。

④设置在预制构件上的接线盒、连接管等应做预留,出线口和接线盒应准确定位。

⑤不应在预制构件受力部位和节点连接区域设置孔洞及接线盒,隔墙两侧的电气和智能化设备不应直接连通设置。

(2)装配式混凝土建筑的防雷设计应符合下列规定:

①当利用预制剪力墙、预制柱内的部分钢筋作为防雷引下线时,预制构件内作为防雷引下线的钢筋应在构件接缝处作可靠的电气连接,并在构件接缝处预留施工空间及条件,连接部位应有永久性明显标记。

②建筑外墙上的金属管道、栏杆、门窗等金属物需要与防雷装置连接时,应与相关预制构件内部的金属件连接成电气通路。

③设置等电位连接的场所,各构件内的钢筋应作可靠的电气连接,并与等电位连接箱连通。

3.3.4 供暖、通风、空调及燃气

装配式混凝土建筑应采用适宜的节能技术,维持良好的热舒适性,降低建筑能耗,减少环境污染,并充分利用自然通风。其通风、供暖和空调等设备均应选用能效比高的节能型产品,以降低能耗。

供暖系统宜采用适宜于干式工法施工的低温地板辐射供暖产品。但集成式卫浴和同层排水的架空地板下面由于有很多给水和排水管道,为了方便检修,不建议采用地板辐射供暖方式,宜采用散热器供暖。

当墙板或楼板上安装供暖与空调设备时,其连接处应采取加强措施。当采用散热器供暖系统时,散热器安装应牢固可靠,安装在轻钢龙骨隔墙上时,应采用隐形支架固定在结构受力件上;安装在预制复合墙体上时,其挂件应预埋在实体结构上,挂件应满足刚度要求;当采用预留孔洞安装散热器挂件时,预留孔洞的深度应不小于 120 mm。

装配式混凝土建筑的燃气系统设计应符合相关规范的规定。

3.4 内装系统设计

3.4.1 一般规定

内装系统是指由楼地面、墙面、轻质隔墙、吊顶、内门窗、厨房和卫生间等组合而成满足建筑空间使用要求的整体。

(1)一体化协同设计

装配式混凝土建筑的内装设计应遵循标准化设计和模数协调的原则,宜采用建筑信息模型(BIM)技术与结构系统、外围护系统、设备管线系统进行一体化设计。从目前建筑行业的工作模式来说,都是先进行各专业的设计之后再进行内装设计。这种模式使得后期的内装设计经常要对建筑设计的图纸进行修改和调整,造成施工时的拆改和浪费。因此,装配式混凝土建筑的内装设计应与建筑各专业进行协同设计。

（2）管线分离

装配式混凝土建筑的内装设计应满足内装部品的连接、检修更换和设备及管线使用年限的要求，宜采用管线分离。从实现建筑长寿化和可持续发展理念出发，采用内装与主体结构、设备管线分离是为了将长寿命的结构与短寿命的内装、机电管线之间取得协调，避免设备线和内装的更换维修对长寿命的主体结构造成破坏，影响结构的耐久性。

（3）干式工法

干式工法是指采用干作业施工的建造方法（图3.5）。现场采用干作业施工工艺的干式工法是装配式建筑的核心内容。我国传统现场具有湿作业多、施工精度差、工序复杂、建造周期长、依赖现场工人水平和施工质量难以保证等问题，干式工法作业可实现高精度、高效率和高品质。

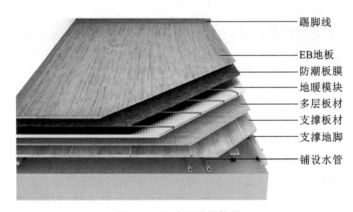

踢脚线
EB地板
防潮板膜
地暖模块
多层板材
支撑板材
支撑地脚
铺设水管

图 3.5　干式工法结构图

（4）装配式装修

采用干式工法，将工厂生产的内装部品在现场进行组合安装的装修方式，称为装配式装修。装配式混凝土建筑宜采用工业化生产的集成化部品进行装配式装修。推进装配式装修是推动装配式发展的重要方向。采用装配式装修的设计建造方式具有几个方面优势：

①部品在工厂制作，现场采用干式作业，可以最大限度保证产品质量和性能。

②提高劳动生产率，节省大量人工和管理费用，大大缩短建设周期，综合效益明显，从而降低生产成本。

③节能环保，减少原材料的浪费，施工现场大部分为干式工法，减少噪声、粉尘和建筑垃圾等污染。

④便于维护，降低了后期运营维护的难度，为部品更换创造了可能。

⑤工业化生产的方式有效解决了施工生产的尺寸误差和模数接口问题。

（5）全装修

全装修是指所有功能空间的固定面装修和设备设施全部安装完成，达到建筑使用功能和建筑性能的状态。全装修强调了作为建筑的功能和性能的完备性。装配式混凝土建筑的最低要求应该定位在具备完整功能的成品形态，不能割裂结构、装修，底线是交付成品建筑。推进全装修，有利于提升装修集约化水平，提高建筑性能和消费者的生活质量，带动相关产业发展。全装修是房地产市场成熟的重要标志，是与国际接轨的必然发展趋势，也是推进我国建筑产业健康发展的重要路径。

（6）其他

装配式混凝土建筑的内装部品、室内管线应与预制构件的深化设计紧密配合，预留接口位置应准确到位。

装配式混凝土建筑应在内装设计阶段对部品进行统一编号，在生产、安装阶段按编号实施。

3.4.2　内装部品设计选型

装配式混凝土建筑应在建筑设计阶段对轻质隔墙系统、吊顶系统、楼地面系统、墙面系统、集成式厨房、集成式卫生间、内门窗等进行部品设计选型。装配式混凝土建筑的内装设计与传统内装设计的区别之一就是部品选型的概念，部品是装配式混凝土建筑的组成基本单元，具有标准化、系列化、通用化的特点。装配式混凝土建筑的内装设计更注重通过对标准化、系列化的内装部品选型来实现内装的功能和效果。

内装部品应与室内管线进行集成设计，并应满足干式工法的要求。内装部品应具有通用性和互换性。采用管线分离时，室内管线的敷设通常是设置在墙、地面架空层或吊顶或轻质隔墙空腔内，将内装部品与室内管线进行集成设计，会提高部品集成度和安装效率，责任划分也更加明确。

（1）装配式隔墙、吊顶、楼地面

装配式隔墙、吊顶和楼地面是由工厂生产的，具有隔声、防火、防潮等性能，且满足空间功能和美学要求的部品集成，并主要采用干式工法装配而成的隔墙、吊顶和楼地面。装配式混凝土建筑宜采用装配式隔墙、吊顶和楼地面。墙面系统宜选用具有高差调平作用的部品，并应与室内管线进行集成设计。

轻质隔墙系统宜结合室内管线的敷设进行构造设计，避免管线安装和维修更换对墙体造成破坏（图 3.6）；应满足不同功能房间的隔声要求；应在吊挂空调、画框等部位设置加强板或采取其他可靠加固措施。

图 3.6　轻质隔墙示意图

吊顶系统设计应满足室内净高的需求，并宜在预制楼板（梁）内预留吊顶、桥架、管线等安装所需预埋件；应在吊顶内设备管线集中部位设置检修口。

　　楼地面系统宜选用集成化部品系统,并应保证楼地面系统的承载力满足房间使用要求。为实现管线分离,装配式混凝土建筑宜设置架空地板系统。架空地板系统宜设置减振构造。架空地板系统的架空高度应根据管径尺寸、敷设路径、设置坡度等确定,并应设置检修口。在住宅建筑中,应考虑设置架空地板对住宅层高的影响。

　　发展装配式隔墙、吊顶和楼地面部品技术,是我国装配式装修和内装产业化发展的主要内容。以轻钢龙骨石膏板体系的装配式隔墙、吊顶为例,其主要特点如下:

　　①干式工法,实现建造周期缩短60%以上;

　　②减少室内墙体占用面积,提高建筑的得房率;

　　③防火、保温、隔声、环保及安全性能全面提升;

　　④资源再生,利用率在90%以上;

　　⑤空间重新分割方便;

　　⑥健康环保性能提高,可有效调整湿度增加舒适感。

　　(2)集成式厨卫

　　集成式厨房是指由工厂生产的楼地面、吊顶、墙面、橱柜和厨房设备及管线等集成并主要采用干式工法装配而成的厨房。集成式卫生间是指由工厂生产的楼地面、墙面(板)、吊顶和洁具设备及管线等集成并主要采用干式工法装配而成的卫生间。集成式厨房、集成式卫生间是装配式混凝土建筑装饰装修的重要组成部分,其设计应按照标准化、系统化原则,并符合干式工法施工的要求,在制作和加工阶段全部实现装配化。集成式厨房设计应合理设置洗涤池、灶具、操作台、排油烟机等设施,并预留厨房电气设施的位置和接口;应预留燃气热水器及排烟管道的安装及留孔条件;给水排水、燃气管线等应集中设置、合理定位,并在连接处设置检修口。集成式卫生间宜采用干湿分离的布置方式,湿区可采用标准化整体卫浴产品。集成式卫生间应综合考虑洗衣机、排气扇(管)、暖风机等的设置,并应在给水排水、电气管线等连接处设置检修口。

3.4.3　接口与连接

　　(1)标准化接口

　　标准化接口是指具有统一的尺寸规格与参数,并满足公差配合及模数协调的接口。在装配式建筑中,接口主要是两个独立系统、模块或者部品部件之间的共享边界。接口的标准化,可以实现通用性以及互换性。

　　装配式混凝土建筑的内装部品应具有通用性和互换性。采用标准化接口的内装部品可有效避免出现不同内装部品系列接口的非兼容性。在内装部品的设计上,应严格遵守标准化模数化的相关要求,提高部品之间的兼容性。

　　(2)连接

　　装配式混凝土建筑的内装部品、室内设备管线与主体结构的连接在设计阶段宜明确主体结构的开洞尺寸及准确定位。连接宜采用预留预埋的安装方式。当采用其他安装固定方法时,不应影响预制构件的完整性与结构安全。内装部品接口应做到位置固定,连接合理,拆装方便,使用可靠。

　　轻质隔墙系统的墙板接缝处应进行密封处理。隔墙端部与结构系统应有可靠连接。门窗部品收口部位宜采用工厂化门窗套。集成式卫生间采用防水底盘时,防水底盘的固定安装不应破坏结构防水层；防水底盘与壁板、壁板与壁板之间应有可靠连接设计，并保证水密性。

3.5　深 化 设 计

装配式混凝土建筑深化设计，是指在设计单位提供的施工图的基础上，结合装配式混凝土建筑特点以及参建各方的生产和拆分设计能力，对图纸进行细化、补充和完善，制作能够直接指导预制构件生产和现场安装施工的图纸，并经原设计单位签字确认。装配式混凝土建筑深化设计也被称为二次设计；用于指导预制构件生产的深化设计也被称为构件拆分设计（图 3.7）。

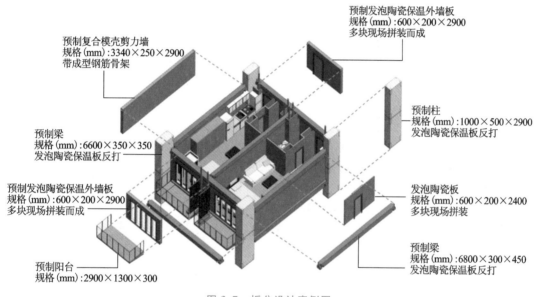

图 3.7　拆分设计案例图

3.5.1　深化设计的基本原则

①应满足建设、制作、施工各方需求，加强与建筑、结构、设备、装修等专业间配合，方便工厂制作和现场安装。

②结构方案及设计方法应满足现行国家规范和标准的规定。

③应采取有效措施加强结构整体性。

④装配式混凝土结构宜采用高强混凝土、高强钢筋。

⑤装配式混凝土结构的节点和接缝应受力明确、构造可靠，并应满足承载力、延性、耐久性等要求。

⑥应根据连接节点和接缝的构造方式和性能，确定结构的整体计算模型。结构设计提倡湿法连接，少用干法连接，但对别墅类建筑可用干法连接以提高工作效率。

⑦当建筑结构超限时，不建议采用预制装配的建造方式，如必须采用，其建造方案需经专家论证。

3.5.2 深化设计的内容

装配式混凝土结构工程施工前,应由相关单位完成深化设计,并经原设计单位确认。预制构件的深化设计图应包括但不限于下列内容:

①预制构件模板图、配筋图、预埋吊件及各种预埋件的细部构造图等;

②夹心保温外墙板,应绘制内外叶墙板拉结件布置图及保温板排板图;

③水、电线、管、盒预埋预设布置图;

④预制构件脱模、翻转过程中混凝土强度及预埋吊件的承载力的验算;

⑤节能保温设计图;

⑥面层装饰设计图;

⑦对带饰面砖或饰面板的构件,应绘制排砖图或排板图。

3.5.3 构件拆分要点

①预制构件的设计应满足标准化的要求,宜采用建筑信息化模型(BIM)技术进行一体化设计,确保预制构件的钢筋与预留洞口、预埋件等相协调,简化预制构件连接节点施工;

②预制构件的形状、尺寸、质量等应满足制作、运输、安装各环节的要求;

③预制构件的配筋设计应便于工厂化生产和现场连接;

④预制构件应尽量减少梁、板、墙、柱等预制结构构件的种类,保证模板能够多次重复使用,以降低造价;

⑤构件在安装过程中,钢筋对位直接制约构件的连接效率,故宜采用大直径、大间距的配筋方式,以便于现场钢筋的对位和连接。

3.5.4 构件拼接要求

①预制构件拼接部位的混凝土强度等级不应低于预制构件的混凝土强度等级;

②预制构件的拼接位置宜设置在受力较小部位;

③预制构件的拼接应考虑温度作用和混凝土收缩徐变的不利影响,宜适当增加构造配筋。

3.5.5 深化设计流程

装配式混凝土建筑深化设计的流程大致可分为以下几个步骤:整体策划→方案设计→施工图设计→图纸审查。

(1)整体策划

对工程所在地建筑产业化的发展程度、施工要求以及项目案例等进行调查研究,与项目参建各方充分沟通,了解建筑物或建筑物群的基本信息、结构体系、项目实施的目标要求,并掌握现阶段预制构件制作水平、工人操作与安装技术水平等。结合以上信息,确定工程的装配率、构件类型、结构体系等。

(2)方案设计

方案设计的质量对项目设计起着决定性的作用。为保证项目设计质量,务必要十分注重方案设计各环节的质量控制,从而在设计过程初期为保证设计质量奠定良好的基础。方案设计对于装配式建筑设计尤其重要,除应满足有关设计规范要求外,还必须考虑装配式构件生产、运输、安装等环节的问题,并为结构设计创造良好的条件。

装配式混凝土结构方案设计质量控制主要有以下几个方面:

①在方案设计阶段,各专业应充分配合,结合建筑功能与造型,规划好建筑各部位拟采用的工业化、标准化预制混凝土构配件。在总体规划中,应考虑构配件的制作和堆放,以及起重运输设备服务半径所需空间。

②在满足建筑使用功能的前提下,采用标准化、系列化设计方法,满足体系化设计的要求,充分考虑构配件的标准化、模数化,使建筑空间尽量符合模数,建筑造型尽量规整,避免异形构件和特殊造型,通过不同单元的组合达到立面效果的丰富。

③平面设计上,宜简单、对称、规则,不应采用严重不规则的平面布置,宜采用大开间、大进深的平面布局。

承重墙、柱等竖向构件宜上、下连续,门窗洞口宜上、下对齐,成列布置,平面位置和尺寸应满足结构受力及预制构件设计要求,剪力墙结构不宜用于转角处。厨房与卫生间的平面布置应合理,其平面尺寸宜满足标准化整体橱柜及整体卫浴的要求。

④外墙设计应满足建筑外立面多样化和经济美观的要求。外墙饰面宜采用耐久、不易污染的材料。采用反打一次成型的外墙饰面材料,其规格尺寸、材质类别、连接构造等应进行工艺试验验证。空调板宜集中布置,并宜与阳台合并设置。

⑤方案设计中,应遵守模数协调的原则,做到建筑与部品模数协调、部品之间的模数协调以及部品的集成化和工业化生产,实现土建与装修在模数协调原则下的一体化,并做到装修一次性到位。

⑥构件的尺寸、类型等应结合当地生产实际,并考虑运输设备、运输路线、吊装能力等因素,必要的时候进行经济性测算和方案比选。另外,因地制宜地积极采用新材料、新产品和新技术。

⑦设计优化。设计方案完成后应组织各个层面的人员进行方案会审,首先是设计单位内部,包括各专业负责人、专业总工等;其次是建设单位、使用单位、项目管理单位以及构配件生产厂家、设备生产厂家等,必要时组织专家评审会;再次各个层面的人分别从不同的角度对设计方案提出优化的意见。最后设计方案应报当地规划管理部门审批并公示。

(3)施工图设计

施工图设计工作量大、期限长、内容广。施工图设计文件作为项目设计的最终成果和项目后续阶段建设实施的直接依据,体现着设计过程的整体质量水平,设计文件编制深度以及完整准确程度等要求均高于方案设计和初步设计。施工图设计文件要在一定投资限额和进度下,满足设计质量目标要求,并经审图机构和相关主管部门审查。因此,施工图设计阶段的质量控制工作任重道远。

装配式混凝土结构施工图设计质量控制主要有以下几个方面:

①施工图设计应根据批准的初步设计编制,不得违反初步设计的设计原则和方案。

②施工图设计文件编制深度应满足《建筑工程设计文件编制深度规定》的要求,满足设备材料采购、非标准设备制作和施工的需要,以及满足编制施工图预算的需要,并作为项目后续阶段建设实施的依据。对于装配式结构工程,施工图设计文件还应满足进行预制构配件生产和施工深化设计的需要。

③解决建筑、结构、设备、装修等专业之间的冲突或矛盾,做好各专业工种之间的技术协调。建筑的部件之间、部件与设备之间的连接应采用标准化接口。设备管线应进行综合设计,减少平面交叉;竖向管线宜集中布置,并应满足维修更换的要求。

④施工图设计文件是构件生产和施工安装的依据,必须保证它的可施工性。否则,在项目开展的过程中容易导致施工困难等问题,甚至影响项目的正常实施。可以采取构件生产厂家和施工单位提前介入参与设计讨论的方式,确保施工图纸的可实施性。

⑤采用BIM技术。采用BIM技术进行构件设计,模拟生产、安装施工,进行碰撞检查,提前发现设计中存在的问题。

(4)图纸审查

我国强制执行施工图设计文件审查制度。施工图完成后必须经施工图审查机构按照有关法律、法规,对施工图涉及公共利益、公众安全和工程建设强制性标准的内容进行审查。施工图未经审查合格的,不得使用。从事房屋建筑工程、市政基础设施工程施工、监理等活动,以及实施对房屋建筑和市政基础设施工程质量安全监督管理,应当以审查合格的施工图为依据。涉及建筑功能改变、结构安全及节能改变的重大变更应重新送审图机构进行审查。

施工图审查机构应对装配式混凝土建筑的结构构件拆分及节点连接设计,装饰装修及机电安装预留预埋设计、重大风险源专项设计等涉及结构安全和主要使用功能的关键环节进行重点审查。对施工图设计文件中采取的新技术、超限结构体系等涉及工程结构安全而无国家和地方技术标准的,应当由设区市及以上建设行政主管部门组织专家评审,出具评审意见,施工图审查机构应当依据评审意见和有关规定进行审查。

3.6　案例分析

装配式建筑施工图设计常见问题

随着科技的进步和环保意识的提高,装配式建筑(图3.8)已成为建筑行业的发展趋势。为了更好地适应这一变革,我们需要深入了解装配式建筑的特点和设计要点,掌握相关规范和标准,为我们的设计工作提供有力的支持。

图3.8　装配式建筑模型图

一、建筑施工图常见问题描述

(1)预制构件种类、预制范围、预制率统计表等信息,应在建筑设计总说明中补充完整。

(2)设计说明与施工图层高表中的高差是否统一,建筑与结构专业的层高表及高差是否统一。

(3)预制外墙第一层与下部现浇构件层,外墙墙体厚度不同,交界面位置如何处理需明确,并补充大样。

(4)预制外墙第一层与下部现浇构件层,交界面位置的防水问题需现场处理,预埋止水钢板或现浇企口。建筑施工图中墙身大样图需对此处做法表达清楚。

(5)外墙阴角处贴墙边的窗洞是否考虑外墙保温层厚度。

(6)剪力墙边缘构件或框架柱与门窗洞口轮廓之间需保证有不小于 200 mm 墙垛。

(7)预制外围护墙与预制梁的相对位置需明确,墙体外挂于梁外侧或墙体是否搁置于梁上?需补充大样图。

(8)外挂墙板外挂于主体结构时,需要保证有 20 mm 的装配缝,以释放施工误差,保证外立面平整。建筑施工图中需补充相关节点大样(考虑防水、防火做法)。

(9)厨房烟道处标注的尺寸是成品烟道尺寸,还是楼板预留洞口尺寸?

(10)需要明确窗洞是否预埋钢副框,钢副框的尺寸,并提供钢副框预埋大样图等一系列问题。

二、结构施工图常见问题(参数设置)

(1)结构施工图设计说明、计算模型及计算书中的结构类型应按照项目采用的装配式类型填写,如:装配整体式××结构。

(2)项目单体的建筑高度应满足《装配式混凝土建筑技术标准》(GB/T 51231—2016)。

(3)抗震设计时,对同一层内既有现浇墙肢也有预制墙肢的装配式剪力墙结构,现浇墙肢水平抗震作用弯矩、剪力宜乘以不小于 1.1 的增大系数。

(4)在结构内力与位移计算时,对现浇楼盖和叠合楼盖,均可假定楼盖在其自身平面内为无限刚性;楼面梁的刚度可以计入翼缘作用予以增大,梁刚度增大系数可根据翼缘情况近似取为 1.3～2.0。

(5)装配整体式框架结构,梁端负弯矩调幅系数可取为 0.7～0.8,详见《高层建筑混凝土结构技术规程》(JGJ 3)5.2.3 条。

(6)周期折减系数:预制隔墙的存在使结构实际刚度大于计算刚度,实际周期小于计算周期,据此周期值计算出的地震剪力将偏小,使结构偏于不安全,所以当隔墙预制时周期折减相对于砌体墙,周期折减系数降低 0.05～0.1。

(7)楼板的布置方式会影响荷载传递路径,结构计算时需要根据连接构造调整结构模型中荷载传递路径。

(8)因为考虑到连接方式不同,多层装配式剪力墙结构允许相对弱的连接,和刚性剪力墙不太一样,所以对位移角限值提出了 1/1200 的更严格要求。

(9)装配式框架结构相比较现浇混凝土框架结构增加"短暂设计"状况下验算,并应符合现行国家标准《混凝土结构工程施工规范》(GB 50666)的有关规定。

(10)结构模型中如有外叶板,墙顶线荷载是否考虑。

三、机电设备施工图常见问题

(1)电气专业的插座、开关等均需标注水平定位尺寸及安装高度。

(2)设备的安装方式及图例等内容是否齐全。

(3)同层排水可选用排漏宝;其他均不宜选用排漏宝,宜预留通孔。

(4)桥架水平定位尺寸是否遗漏。

(5)厨房燃气管道预留孔定位尺寸。

(6)厨房燃气热水器排气孔平面定位尺寸。

(7)卫生间排气孔平面定位尺寸。

(8)分体空调管道孔平面及立面定位尺寸。

(9)采用整体卫浴室检修口宜留在吊顶范围内,以避免墙体开槽。

(10)预制柱防雷节点做法如何实现上下贯通。

四、结构施工图常见问题(楼梯)

(1)楼梯剖面图中是否表示出现浇梯段、预制梯段的范围。

(2)梯段的构件编号、结构标高、配筋信息等内容是否齐全。

(3)注意第一级和最后一级踏步饰面层对踢板高度的影响,避免出现过高或过低的非标准踢板。

(4)预制楼梯两端的梯梁钢筋的配筋率、锚固长度(受弯构件)应满足受拉钢筋的规定要求。

(5)楼梯板面上表面的钢筋应拉通,配筋率不宜小于 0.15%;下部钢筋应按计算确定,分布钢筋直径不宜小于 6 mm,间距不宜大于 250 mm。

(6)楼梯的梯梁、梯柱是否预制,休息平台是现浇还是叠合?

(7)楼梯剖面图是否进行了构件拆分,是否表示出叠合梯梁的预制、现浇部分具体尺寸。

五、结构施工图常见问题(墙)

(1)剪力墙采用预制还是现浇,预制范围包括哪些(从第几层到第几层预制)需要明确。其中装配整体式框架-剪力墙结构中剪力墙均需现浇。

(2)顶层剪力墙顶部是否设计了现浇圈梁,圈梁高度不小于 250 mm。

(3)预制外围护墙与预制梁的连接方式需明确,是干法连接(连接件)还是湿法连接(甩筋)? 补充大样图。

(4)预制剪力墙竖向分布钢筋的连接形式及构造示意图需补充完整,采用锚浆搭接连接还是灌浆套筒连接? 是单排连接还是双排连接? 竖向受力钢筋和构造钢筋的间距是否满足规范要求?

(5)剪力墙竖向及横向配筋应满足《建筑抗震设计规范》(GB 50011—2010)的要求,竖向钢筋直径不宜小于 10 mm。

(6)现浇层与预制层交界面处,补充插筋孔定位图,且需根据灌浆套筒(波纹管)规格标注插筋伸出结构面层的长度。

（7）为避免楼板拆分因跨度不一出现多个标准层,应尽量统一预制范围内各层剪力墙厚度。

（8）预制剪力墙或预制非承重墙与砌体墙连接面需要植筋拉结钢筋。

（9）当建筑单体设置伸缩缝时,预制墙板拆分设计,需要留伸缩缝的空间,避免预制墙体占用伸缩缝。

（10）剪力墙边缘构件宜全部现浇,墙柱表中边缘构件箍筋应区分预制构件伸出的钢筋还是现浇部位的钢筋。

六、结构施工图常见问题(柱)

（1）柱结构平面图中是否区分出"现浇柱"和"预制柱",上下层预制柱截面宜相同。

（2）明确预制柱纵筋连接方式是采用灌浆套筒还是锚浆搭接。

（3）当采用灌浆套筒连接时,上下两层柱纵筋直径差别不宜大于一个级别。

（4）预制柱纵筋可采用向角部集中、中部设置构造纵筋等做法处理与框架梁纵筋的冲突,并绘制钢筋定位大样图。

（5）上下层预制柱受力纵筋根数、定位应协调。

（6）结构施工图中,现浇与预制交界面层需要补充"现浇层柱钢筋定位图",以实现现浇柱与预制柱钢筋对接。现浇层钢筋伸出结构标高面的长度需在图中注明。

（7）在结构体系为框架结构的项目中,框架柱受力筋应采用抗震钢筋(抗震等级1～3级)。

（8）预制柱采用灌浆套筒连接时,混凝土保护层厚度应按照预制柱实际保护层厚度取值计算。

（9）高层建筑首层柱宜全部采用现浇。

 课后练习题

1.装配式混凝土建筑的房屋最大适用高度应满足哪些规定?

2.高层建筑装配整体式混凝土结构对地下室和底部楼层有哪些要求?

3.装配式混凝土建筑对内装系统有哪些规定?

4.简述装配式混凝土建筑深化设计的基本原则。

项目4 装配式混凝土建筑预制构件制作

知识目标：熟悉预制构件的生产设备和模具；掌握预制构件制作流程及要求；掌握产生预制构件生产质量通病的原因；了解预制构件的存放、运输与现场堆放要求。

能力目标：能准确识读装配整体式模具的使用要求；能分析出装配整体式预制构件生产质量通病的主要因素。

素养目标：培养学生运用熟练技术解决实际问题的能力；同时培养学生理性思维和技术应用能力，让学生了解工匠精神的重要性；培养学生勤于思考、善学乐学。

思政元素：促进学生思想素质和科技文化素质的结合；了解建筑学家杨廷宝的励志故事。
培养学生的道德情操和团队合作精神；培养学生积极主动的学习态度和积极乐观的生活态度；激发学生的创新探究能力。

实现形式：运用探究式学习法、榜样示范教学法、行动研究法等进行课堂教学。

随着国家和各省、直辖市、自治区对装配式建筑的大力推广，装配式混凝土建筑迎来前所未有的发展机遇，各地钢筋混凝土预制构件制作生产工厂也纷纷出现。构件的生产工艺流程和生产制作技术成为目前投资建厂的较大障碍，国内生产大型预制构件的生产线和技术均处于探索阶段，有待各地在实践中不断完善，形成符合我国国情的技术体系规范和技术指标。本项目介绍了钢筋混凝土预制构件工厂生产制作工艺流程，包括构件制作过程中的模具组装、钢筋绑扎、预埋件和吊件埋设、混凝土浇筑与养护、构件脱模与表面修补、构件检验与标识、运输与存储等内容，并设计了生产工艺流程图，指出了预制构件制作的技术要求。

4.1 预制构件的生产设备和模具

4.1.1 预制构件的生产设备

预制构件的主要生产设备按照使用功能可分为生产线设备、转运设备（辅助设备）、起重设备、钢筋加工设备、混凝土搅拌设备、机修设备和其他设备七种。

（1）生产线设备

预制构件的生产线设备主要包括模台、清扫喷涂机、画线机、送料机、布料机、振动台、振捣刮平机、拉毛机、预养护窑、抹光机、立体养护窑等。各设备简介如下。

①模台

目前常见的模台有碳钢模台和不锈钢模台两种,如图 4.1 所示。通常采用 Q345 材质整板铺面,台面钢板厚度为 10 mm。目前常用的模台尺寸为 9000 mm×4000 mm×310 mm。平整度:表面不平度为在任意 3000 mm 长度内±1.5 mm。模台承载能力:$P \geqslant 6.5$ kN/m²。

②清扫喷涂机

清扫喷涂机如图 4.2 所示,常采用除尘器一体化设计,流量可控,喷嘴角度可调,具备雾化的功能。

清扫喷涂机常见规格为 4110 mm×1950 mm×3500 mm,喷洒宽度为 35 mm。总功率为 4 kW。

图 4.1 常见的模台

图 4.2 清扫喷涂机

③画线机

画线机如图 4.3 所示,主要用于在模台上全自动画线,采用数控系统,具备 CAD 图形编程功能和线宽补偿功能,配备 USB 接口,按照设计图纸进行模板安装位置及预埋件安装位置定位画线,完成一次平台画线的时间小于 5 min。

画线机常见规格为 9380 mm×3880 mm×300 mm,总功率为 1 kW。

④送料机

常见的送料机如图 4.4 所示,有效容积不小于 2.5 m³,运行速度为 0~30 m/min,速度可变频控制;外部振捣器辅助下料。

送料机运行时,输送料斗与布料机位置设置互锁保护,在自动运转的情况下与布料机实现联动;可采用自动、手动、遥控操作方式;每个输送料斗均有防撞感应互锁装置,行走时启动声光报警装置,静止时启动锁紧装置。

⑤布料机

布料机(图 4.5)沿上横梁轨道行走,装载的拌合物以螺旋式下料方式被布下。

储料斗有效容积为 2.5 m³,下料速度可控制为 0.5~1.5 m³/min(由不同的坍落度要求决定),在布料过程中,下料口开闭数量可控,与输送料斗、振动台、模台运行等可实现联动互锁;具有安全互锁装置;纵、横向行走速度及下料速度可变频控制,可实现完全自动布料功能。

图 4.3　画线机　　　　　　　　　　图 4.4　送料机

⑥振动台

振动台如图 4.6 所示,可与模台液压锁紧;振捣时间小于 30 s,振捣频率可调;模台升降、振捣、模台移动、布料机行走时具有安全互锁功能。

图 4.5　布料机　　　　　　　　　　图 4.6　振动台

⑦振捣刮平机

振捣刮平机采用上横梁轨道式纵向行走,其升降系统采用电液推杆,可在任意位置停止并自锁;行进速度为 0~30 m/min 且变频可调;刮平有效宽度与模台宽度相适应;激振力大小可调。振捣刮平机如图 4.7 所示。

图 4.7　振捣刮平机

⑧拉毛机

拉毛机适用于叠合楼板的混凝土表面处理;可实现升降、锁定位置等功能;有足位调整功能,通过调整可准确地下降到预设高度。拉毛机如图 4.8 所示。

⑨预养护窑

预养护窑几何尺寸为:模台上表面与窑顶内表面有效高度不小于 600 mm;平台边缘与窑体侧面有效距离不小于 500 mm。预养护窑如图 4.9 所示。

预养护窑开关门机构垂直升降、密封可靠,升降时间小于 20 s;温度自动检测监控;加热自动控制(干蒸);开关门动作与模台行进的动作实现互锁保护。窑内温度均匀,温差小于 3 ℃,设计最高温度不小于 60 ℃。

图 4.8　拉毛机

图 4.9　预养护窑

⑩抹光机

抹光机抹头可升降调节,能准确地下降到预设高度并锁定;在作业过程中抹头在水平面内可实现二维方向的移动调节,在设定的范围内作业;抹平力和浮动叶片的角度可机械调节。抹光机如图 4.10 所示。

⑪立体养护窑

立体养护窑每列之间隔断保温,温湿度单独可控;保温板芯部材料密度值不低于 15 kg/m³,并且防火阻燃,保温材料耐受温度不低于 80 ℃;温度、湿度自动检测监控;加热、加湿自动控制;窑内平台确保定位锁紧,支撑轮悬臂采用防变形设计,支撑轮悬臂轴的长度不大于 300 mm;窑内温度均匀,温差小于 3 ℃。立体养护窑如图 4.11 所示。

图 4.10　抹光机

图 4.11　立体养护窑

（2）预制混凝土构件转运设备

预制混凝土构件转运设备主要有翻板机、平移车、堆码机等。

①翻板机

翻板机设计负荷不小于 25 t；翻板角度为 80°～85°。动作时间：翻起到位时间小于 90 s。翻板机如图 4.12 所示。

图 4.12 翻板机

②平移车

平移车设计负载不小于 25 t/台；液压缸同步升降；两台平移车行进过程保持同步，同时控制；模台在平移车上定位准确，具备限位功能；模台状态、位置与平移车状态、位置实行互锁保护；行走时，车头端部安装安全防护连锁装置。平移车如图 4.13 所示

③堆码机

堆码机在地面轨道上行走，模台采用卷扬式升降结构，开门行程不小于 1 m；设有大车定位锁紧机构，升降架调整定位机构，升降架升降导向机构；设计负荷不小于 30 t；横向行走速度、提升速度均变频可调；可实现手动、自动化运行。堆码机如图 4.14 所示。

图 4.13 平移车

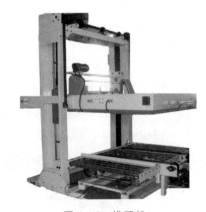

图 4.14 堆码机

堆码机在行进、升降、开关门、进出窑等动作时具备完整的安全互锁功能；在设备运行时启动声光报警装置；节拍时间小于 15 min（以运行距离最长的窑位为准）。

（3）起重设备等

预制构件生产过程中还需要起重设备等其他设备，主要包括表 4.1 所示的工器具。

表 4.1　预制构件生产用主要其他工器具

工作内容	器具、工具
起重	5～10 t起重机、钢丝绳、吊索、吊装带、卡环、接驳器等
运输	构件运输车、平板转运车、叉车、装载机等
清理打磨	角磨机、刮刀、手提垃圾桶等
混凝土施工	插入式振捣器、平板振捣器、料木、木抹、铁抹、铁锹、刮板、拉毛笆子、喷壶、温度计等
模板安装、拆卸	电焊机、空压机、电锤、电钻、各类扳手、橡胶锤、磁铁固定器、专用磁铁撬棍、铁锤、线绳、墨斗、滑石笔等

4.1.2　预制构件模具

预制构件模具是一种组合型结构模具,满足预制构件浇筑和再利用的需求。它依照构件图纸生产要求进行设计制作,使混凝土构件按照规定的位置、几何尺寸成型,保持建筑模具位置正确,并承受建筑模具的自重及作用在其上的构件侧部压力载荷。

(1)预制构件模具设计的总体要求

预制构件模具以钢模为主,面板主材选用 Q235 级钢板,支撑结构可选用型钢或者钢板,规格可根据模具形式选择,此外,预制构件模具应满足以下要求:

①模具应具有足够的承载力、刚度和稳定性,保证在构件生产时能可靠承受浇筑混凝土的重量、侧压力及工作荷载。

②模具应支、拆方便,且应便于钢筋安装和混凝土浇筑、养护。

③模具的部件与部件之间应连接牢固;预制构件上的预埋件均应有可靠的固定措施。

(2)预制构件模具的设计

①模具设计应考虑的因素

A. 成本。在满足使用要求和使用周期的情况下应尽量降低重量。

B. 使用寿命。赋予模具一个合理的刚度,增大模具周转次数。

C. 质量。构件品质和尺寸精度取决于材料性能,成型效果依赖于模具的质量。

D. 通用性。应提高模具重复利用率,使一套模具在成本适当的情况下尽可能地满足"一模多制作"要求。

E. 效率。在生产过程中,对生产效率影响最大的工序是组模、预埋件安装以及拆模,其中就有两道工序涉及构件模具,因此,模具设计合理与否对生产效率尤为关键。

F. 方便生产。模具最终是为构件生产服务的,不仅要满足模具刚度及尺寸要求,而且应符合构件生产工艺要求。

G. 方便运输。在不影响使用周期的情况下进行轻量化设计,既可以降低成本又可以提高作业效率,还可使模具运输更方便。

H. 采用三维软件设计。采用三维软件,可使整套模具设计体系更加直观化、精准化。

②模具的设计要点

预制构件模具设计资料一般包括模具总装图、模具部件图和材料清单三个部分。

现有模具的体系可分为独立式模具和大模台式模具(即模台可公用,只加工侧模)。

独立式模具用钢量较大,适用于构件类型较单一且重复次数多的项目。大模台式模具只需制作侧边模具,底模还可以在其他工程上重复使用。

主要模具类型有梁模具、柱模具、叠合楼板模具、阳台板模具、楼梯模具、内墙板模具和外墙板模具等。图 4.15 至图 4.22 所示为常见的几种模具类型。

A.叠合楼板模具设计要点

根据叠合楼板高度,可选用相应的角铁作为边模,当楼板四边有倒角时,可在角铁上后焊一块折弯后的钢板。

角铁组成的边模上开了许多豁口,会导致长向的刚度不足,故沿长向可分若干段,每段以 1.5～2.5 m 为宜。侧模上还需设加强肋板,间距为 400～500 mm。

图 4.15　楼梯的平打模具

图 4.16　楼梯的立打模具

图 4.17　叠合板的角钢边模

图 4.18　叠合板的长边通长边模

图 4.19　剪力墙模具的顶模和底模

图 4.20　剪力墙模具的侧模

图 4.21　梁模

图 4.22　柱模

B. 阳台板模具设计要点

为了体现建筑立面效果,一般住宅建筑的阳台板设计为异形构件。构件的四周都设计了反边,导致阳台板不能利用大模台式模具生产。可将阳台板模具设计为独立式模具,根据构件数量选择模具材料。要注意构件脱模的问题,在不影响构件功能的前提下,可适当留出脱模斜度。当构件高度较大时,应重点考虑侧模的定位和刚度问题。

C. 楼梯模具设计要点

楼梯模具可分为卧式和立式两种。卧式模具占用场地大,需要压光的面积也大,构件需多次翻转,故楼梯模具常设计为立式。楼梯模具设计重点为楼梯踏步的处理。由于踏步呈折线形,钢板需折弯后拼接,拼缝的位置宜放在既不影响构件效果又便于操作的位置,拼缝的处理可采用焊接或冷拼接工艺。需要特别注意拼缝处的密封性,严禁出现漏浆现象。

D. 内墙板模具设计要点

内墙板就是混凝土实心墙体,一般没有造型。通常,预制内墙板的厚度为 200 mm,为便于加工,可选用 20 号槽钢作为边模。

内墙板三面均有外露筋且数量较多,需要在槽钢上开许多豁口,这会导致边模刚度不足,周转中容易变形,所以应在边模上增设肋板。

E. 外墙板模具设计要点

外墙板一般采用三明治结构,通常采用"结构层(200 mm)+保温层(50 mm)+保护层(50 mm)"形式。此类墙板可采用正打或反打工艺。建筑对外墙板的平整度要求很高,如果采用正打工艺,无论是人工抹面还是机器抹面,都不足以达到要求的平整度,对后期制作较为不利,但采用正打工艺有利于预埋件的定位,操作工序也相对简单。可根据工程的需求,选择不同的工艺。

所谓正打,通常指混凝土墙板浇筑后,表面压轧出各种线条和花饰。

所谓反打,就是在平台座或平钢模的底模上预铺各种花纹的衬模,使墙板的外皮在下面,内皮在上面,与正打正好相反。采用这种工艺可以在浇筑外墙混凝土墙体的同时一次性地将外饰面的各种线形及质感制作出来。

将所选用的瓷砖或天然石材预贴于模板表面,采用反打成型工艺,可与三明治保温外墙板的外叶墙混凝土形成一体化装饰效果。为保证瓷砖和石材与混凝土黏结牢固,应使用背面带燕尾槽的瓷砖或带燕尾槽的仿石材效果陶瓷薄板。如果采用天然石材装饰材料,背面还要设专用爪丁,并涂刷防水剂。

根据浇筑顺序,可将模具分为两层:第一层为"保护层+保温层";第二层为结构层。第一层模具作为第二层的基础,在第一层的连接处需要加固;第二层的结构层模具同内墙板模具形式。结构层模具的定位螺栓较少,故需要增加拉杆定位,防止胀模。

F.外墙板和内墙板模具防漏浆设计要点

构件三面都有外露钢筋,侧模处需开对应的豁口,豁口数量较多,造成拆模困难。可将豁口开得大一些,用橡胶等材料将混凝土与边模分离开,从而大大降低拆卸难度。

G.边模定位方式设计要点

边模与大模台式模具通过螺栓连接,为了快速拆卸,宜选用 M16 的粗牙螺栓。在每个边模上设置 3~4 个定位销,以便精确地定位。连接螺栓的间距控制在 500~600 mm 为宜,定位销间距不宜超过 1500 mm。

H.预埋件定位设计要点

预制构件预埋件较多,且精度要求很高,需在模具上精确定位,有些预埋件的定位在大模台式模具上完成,有些预埋件不与底模接触,需要通过靠边模支撑的吊模完成定位。吊模要求拆卸方便、定位唯一,以防止错用。

I.模具加固设计要点

对模具使用次数一般有一定的要求,故有些部位必须加强,一般通过增设肋板解决,当单个肋板不足以解决时可把每个肋板连接起来,以增强模具的整体刚度。

J.模具的验收要点

除外形尺寸和平整度外,还应重点检查模具的连接和定位系统。

K.模具的经济性分析要点。

根据项目中每种预制构件的数量和工期要求,配备出合理的模具数量,再将模具分摊到每种构件中,得出每立方米混凝土中含钢量的经济指标,并可作为报价的部分依据。

(3)模具制作

模具制作加工工序可概括为开料→制成零件→拼装成模。

首先,依照零件图开料,将零件所需的各部分材料按图纸尺寸裁制。对部分精度要求较高的零件,裁制好的板材还需要进行精加工来保证其尺寸精度符合要求。

其次,将裁制好的材料依照零件图进行折弯、焊接、打磨等制成零件。因部分零件外形尺寸对产品质量影响较大,为保证产品质量,还需对焊接好的零件局部尺寸进行精加工。

最后,将制成的各零件依照组装图拼模。拼模时,应保证各相关尺寸达到精度要求。待所有尺寸均符合要求后,安装定位销及连接螺栓,随后安装定位机构和调节机构。再次复核各相关尺寸,若无问题,模具即可交付使用。

(4)模具的使用要求

①编号要点

由于每套模具被分解得较零碎,需按顺序统一编号,防止错用。

②组装要点

边模上的连接螺栓和定位销一个都不能少,必须紧固到位。为了构件脱模时边模能顺利拆卸,防漏浆的部件必须安装到位。

③吊模等的拆除要点

在预制构件蒸汽养护之前,应把吊模和防漏浆的部件拆除。选择此时拆除的原因为:吊模好拆卸,在流水线上不占用上部空间,可降低蒸养窑的层高;混凝土几乎还没有强度,防漏浆的部件很容易拆除,若等到脱模时拆除,混凝土的强度已达到 20 MPa 左右,防漏浆部件、混凝土和边模会紧紧地粘在一起,极难拆除。因此,防漏浆部件必须在蒸汽养护之前拆掉。

④模具的拆除要点

构件脱模时,应首先将边模上的螺栓和定位销全部拆卸掉,为了保证模具的使用寿命,禁止使用大锤。拆卸的工具宜为皮锤、羊角锤、小撬棍等。

⑤模具的养护要点

在模具暂时不使用时,需在模具上涂刷一层机油,防止模具被腐蚀。

4.2　预制构件制作

预制构件生产企业应依据构件制作特点进行预制构件的制作,并应根据预制构件型号、形状、重量等特点制订相应的工艺流程,明确质量要求和生产阶段质量控制要点,编制完整的构件制作计划书,对预制构件生产全过程进行质量管理和计划管理。预制构件制作流程如图 4.23 所示。

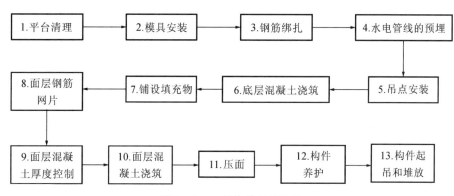

图 4.23　预制构件制作流程

预制构件生产应在工厂或符合条件的现场进行,根据场地、构件的尺寸、实际需要等的不同情况,分别采取固定模台生产线预制构件制作流程或自动化流水线预制构件制作流程,并且生产设备应符合相关行业技术标准要求。

4.2.1　固定模台生产线预制构件制作流程

固定模台生产线工艺的主要特点是模板固定不动,制作构件的所有操作均在模台上进行,材料、人员相对于模台流动,在一个位置上完成构件成型的各道工序。固定模台生产线是平面预制构件生产常用的一种方式(图 4.24),需要较先进的生产线设置,包括各种机械,如混凝土浇灌机、振捣器、抹面机等。这种工艺一般采用人工或机械振捣成型,封闭蒸汽养护。当构件脱模时,可借助专用机械使模台倾斜。

固定模台生产线自动化程度较低,需要很多工人,但是该工艺具有设备少、投资少、灵活方便等优点,适合制作侧面出筋的墙板、楼梯、阳台、飘窗等异型复杂构件。

图 4.24　固定模台生产线

　　以下以预制混凝土夹芯保温外墙板为例介绍固定模台生产线进行预制构件制作的流程,制作流程图如图 4.25 所示。

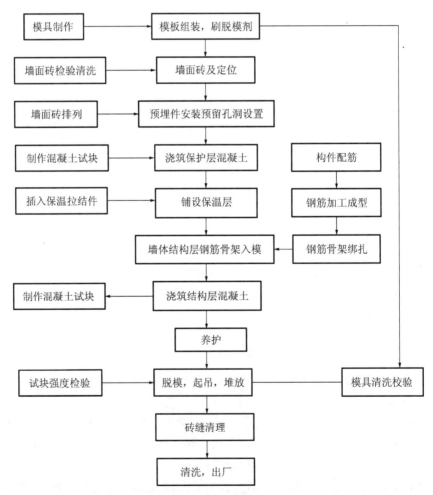

图 4.25　预制混凝土夹芯保温外墙板制作流程

(1)模具组装

模具除应满足强度、刚度和整体稳固性要求外,尚应满足预制构件预留孔、插筋、预埋吊件及其他预埋件的安装定位要求,模具组装如图 4.26 所示。

图 4.26　模具组装

模具应安装牢固,尺寸准确,拼缝严密、不漏浆。模具组装就位时,首先要保证底模表面平整度,以保证构件表面平整度符合规定要求。模板与模板之间的连接螺栓必须齐全、拧紧,模具组装时应注意将销钉敲紧,控制侧模定位精度。模板接缝处用原子灰嵌塞抹平后再用细砂纸打磨。模具组装精度必须符合设计要求,设计无要求时,应符合表 4.2 的规定,并应验收合格后再投入使用。

表 4.2　模具组装允许偏差

测定部位	允许偏差/mm	检验方法
边长	±2	钢直尺四边测量
板厚	±1	钢直尺测量,取两边平均值
扭曲	2	四角用两根细线交叉固定,钢直尺测中心点高度差值
翘曲	3	四角固定细线,钢直尺测细线到钢模边距离,取最大值
表面凹凸	2	靠尺和塞尺检查
弯曲	2	四角用两根细线交叉固定,钢直尺测细线到钢模距离
对角线误差	2	细线测两根对角线尺寸,取差值
预埋件	±2	钢直尺检查

模具组装前应将钢模和预埋件定位部位等彻底清理干净,严禁使用锤子敲打。模具与混凝土接触的表面除饰面材料铺贴范围外,应均匀涂刷脱模剂。为避免污染墙面砖,模板表面刷一遍脱模剂后再用棉纱均匀擦拭两遍,形成均匀的薄层油膜,见亮不见油,注意尽量避开放置橡胶垫块处,该部位可先用胶布遮住。在选择脱模剂时尽量选择隔离效果较好、能确保构件在脱模起吊时不发生黏结损坏现象、能保持板面整洁、易于清理、不影响墙面粉刷质量的脱模剂。

（2）饰面材料铺贴与涂装

在入模铺设面砖前，应先将单块面砖根据构件排砖图的要求分块制成面砖套件。套件应根据构件饰面砖的大小、图案、颜色取一个或若干个单元组成，每个套件的长度不宜大于600 mm，宽度不宜大于300 mm。

面砖套件应在定型的套件模具中制作。面砖套件的图案、排列方式、色泽和尺寸应符合设计要求。面砖铺贴时先在底模上弹出面砖缝中线，然后铺设面砖，为保证接缝间隙满足设计要求，应根据面砖深化图进行排列。面砖定位后，在砖缝内采用胶条粘贴，保证砖缝满足深化设计要求。面砖套件的薄膜粘贴不得有折皱，不应伸出面砖，端头应平齐。嵌缝条和薄膜粘贴后应采用专用工具沿接缝将嵌缝条压实。

在入模铺设石材前，应核对石材尺寸，并提前24 h在石材背面安装锚固拉钩和涂刷防泛碱处理剂。面砖套件、石材铺贴前应清理模具，并在模具上设置安装控制线，按控制线固定和校正铺贴位置。可采用双面胶布或硅胶按预制加工图分类编号铺贴。面砖装饰面层铺贴如图4.27所示。

图4.27 面砖装饰面层铺贴

石材和面砖等饰面材料与混凝土的连接应牢固。石材等饰面材料与混凝土之间拉结件的结构、数量、位置和防腐处理应符合设计要求。满粘法施工的石材和面砖等饰面材料与混凝土之间应无空鼓。

石材和面砖等饰面材料铺设后表面应平整，接缝应顺直，接缝的宽度和深度应符合设计要求。面砖、石材需要更换时，应采用专用修补材料，对嵌缝进行修整，使墙板嵌缝的外观质量一致。

外墙板面砖、石材粘贴的允许偏差和检验方法应符合表4.3的规定。

表4.3 外墙板面砖、石材粘贴的允许偏差和检验方法

项次	项目	允许偏差/ mm	检验方法
1	表面平整度	2	2m靠尺或塞尺检查
2	阳角方正	2	用托线板检查
3	上口平直	2	拉通线，钢尺检查
4	接缝平直	3	钢尺或塞尺检查
5	接缝深度	±5	钢尺或塞尺检查
6	接缝宽度	±2	钢尺检查

涂料饰面的构件表面应平整、光滑，棱角、线槽应符合设计要求，直径大于1 mm的气孔应进行填充修补。

（3）保温材料铺设

带保温材料的预制构件宜采用平模工艺成型，生产时应先浇筑外侧混凝土层（图4.28），再安装保温材料和拉结件，最后浇筑内叶混凝土层成型。外叶混凝土层可采用平板

振捣器适当振捣。

　　铺放加气混凝土保温块时,表面要平整,缝隙要均匀,严禁用碎块填塞。若在常温下铺放,铺前要浇水润湿;若低温铺放,铺后要喷水,冬季可干铺。若采用泡沫聚苯乙烯保温条,事先按设计尺寸裁剪。排放板缝部位的泡沫聚苯乙烯保温条时,入模固定位置要准确,拼缝要严密,操作要有专人负责。

　　采用立模工艺生产时应同步浇筑内、外叶混凝土层,且应采取可靠措施保证内、外叶混凝土厚度、保温材料及拉结件的位置准确。保温材料铺设过程如图 4.29 所示。

图 4.28　外叶混凝土层浇筑　　　　　　图 4.29　保温材料铺设过程

　　(4)预埋件及预留孔洞设置

　　预埋钢结构件、连接用钢材、连接用机械式接头部件和预留孔洞模具的数量、规格、位置、安装方式等应符合设计规定,固定措施应可靠。预埋件应固定在模板或支架上,预留孔洞应采用孔洞模具的方式并加以固定。预埋螺栓和铁件应采取固定措施保证其不偏移,对于套筒埋件应注意其定位。预埋件安装如图 4.30 所示。

图 4.30　预埋件安装

　　预埋件和预留孔洞安装允许偏差和检验方法应符合表 4.4 的规定。

　　(5)门窗框设置

　　门窗框在构件制作、搬运、堆放、安装过程中,应进行包裹或遮挡。预制构件的门窗框应在浇筑混凝土前预先放置于模具中,位置应符合设计要求,并应在模具上设置限位框或限位件进行可靠固定。门窗框的品种、规格、尺寸、相关物理性能和开启方向、型材壁厚和连接方式等应符合设计要求。安装后的窗框如图 4.31 所示。

表 4.4　预埋件和预留孔洞安装允许偏差和检验方法

检验项目		允许偏差/mm	检验方法
预埋钢板、建筑幕墙用槽式预埋组件	中心线位置	3	用尺测量纵、横两个方向的中心线位置,取其中较大值
	平面高差	±2	钢直尺和塞尺检查
预埋件、电线盒、电线管水平和垂直方向的中心线位置偏移、预留孔、浆锚搭接预留孔(或波纹管)		2	用尺测量纵、横两个方向的中心线位置,取其中较大值
插筋	中心线位置	3	用尺测量纵、横两个方向的中心线位置,取其中较大值
	外露长度	10,0	用尺测量
吊环	中心线位置	2	用尺测量纵、横两个方向的中心线位置,取其中较大值
	外露长度	0,−5	用尺测量
预埋螺栓	中心线位置	2	用尺测量纵、横两个方向的中心线位置,取其中较大值
	外露长度	5,0	用尺测量
预留洞	中心线位置	3	用尺测量纵、横两个方向的中心线位置,取其中较大值
	尺寸	3,0	用尺测量纵、横两个方向尺寸,取其中较大值
灌浆套筒及连接钢筋	灌浆套筒中心线位置	1	用尺测量纵、横两个方向的中心线位置,取其中较大值
	连接钢筋中心线长度	1	用尺测量纵、横两个方向的中心线位置,取其中较大值
	连接钢筋外露长度	5,0	用尺测量

图 4.31　安装后的窗框

门窗框安装位置应逐件检验，允许偏差和检验方法应符合表4.5的规定。

表4.5　门窗框安装允许偏差和检验方法

项目		允许偏差/mm	检验方法
锚固脚片	中心线位置	5	钢尺检查
	外露长度	5,0	钢尺检查
门窗框位置		2	钢尺检查
门窗框高、宽		±2	钢尺检查
门窗框对角线		±2	钢尺检查
门窗框的平整度		2	靠尺检查

（6）混凝土浇筑

在混凝土预制构件浇筑成型前应进行隐蔽工程验收，符合有关标准规定和设计文件要求后方可浇筑混凝土。检查项目应包括：模具各部位尺寸、定位、拼缝等；饰面材料铺设品种、质量；纵向受力钢筋的品种、规格、数量、位置等；钢筋的连接方式、接头位置、接头数量、接头面积百分率等；箍筋、横向钢筋的品种、规格、数量、间距等；预埋件及门窗框的规格、数量、位置等；灌浆套筒、吊具、插筋及预留孔洞的规格、数量、位置等；钢筋的混凝土保护层厚度等。

混凝土放料高度应小于500 mm，并应均匀铺设，混凝土构件成型宜采用插入式振捣棒振捣，逐排振捣密实，振捣器不应碰触钢筋骨架、面砖和预埋件。

混凝土浇筑应连续进行，同时应观察模具、门窗框、预埋件等的变形和移位，变形与移位超出规定的允许偏差时应及时采取补强和纠正措施。面层混凝土采用平板振捣器振捣，振捣后，随即用1∶3水泥砂浆找平，待表面收水后再用木抹抹平压实。

配件、预埋件门框和窗框处混凝土应振捣密实，其外露部分应有防污损措施，混凝土表面应及时用泥板抹平提浆，宜对混凝土表面进行二次抹面。预制构件与后浇混凝土的结合面或叠合面应按设计要求制成粗糙面，粗糙面可采用拉毛或凿毛处理方法，也可采用化学和其他（物理）处理方法。预制构件混凝土浇筑完毕后应及时养护。

（7）构件养护

预制构件的成型和养护宜在车间内进行，成型后蒸汽养护可在生产位上或养护窑内进行。预制构件采用自然养护时，应符合现行国家标准《混凝土结构工程施工规范》（GB 50666—2011）、《混凝土结构工程施工质量验收规范》（GB 50204—2015）的规定。

预制构件采用蒸汽养护时，宜采用自动蒸汽养护装置，并保证蒸汽管道通畅，养护区应无积水。蒸汽养护应分静停、升温、恒温和降温四个阶段，并应符合下列规定：

混凝土全部浇捣完毕后静停时间不宜少于2 h，升温速度不得大于15 ℃/h，恒温时最高温度不宜超过55 ℃，恒温时间不宜少于3 h，降温速度不宜大于10 ℃/h。

（8）构件脱模

预制构件停止蒸汽养护后，其表面与环境温度的差值不宜超过20℃。应根据模具结构的特点按照拆模顺序拆除模具，严禁使用振动模具方式拆模。

预制构件脱模起吊（图4.32）应符合下列规定：预制构件的起吊应在构件与模具间的连

接部分完全拆除后进行；预制构件脱模时，同条件混凝土立方体抗压强度应根据设计要求或生产条件确定，且不应小于 15 MPa；预应力混凝土构件脱模时，同条件混凝土立方体抗压强度不宜小于混凝土强度等级设计值的 75%；预制构件吊点设置应满足平稳起吊的要求，宜设置 4~6 个吊点。

图 4.32　预制构件脱模起吊

预制构件脱模后应对预制构件进行整修。整修应符合下列规定：在构件生产区域旁应设置专门的混凝土构件整修区域，对刚脱模的构件进行清理、质量检查和修补；对于各种类型的混凝土外观缺陷，构件生产单位应制订相应的修补方案，并配有相应的修补材料和工具；预制构件应在修补合格后再搬运至合格品堆放场地。

应在构件脱模起吊至整修堆场或平台时对其进行标识，标识的内容应包括工程名称、产品名称、型号、编号、生产日期。待构件检查、修补合格后再标注合格章及工厂名。楼梯构件标识如图 4.33 所示。

图 4.33　楼梯构件标识

标识可标注于工厂和施工现场堆放、安装时容易辨识的位置，可由构件生产厂和施工单位协商确定。标识的颜色和文字大小、顺序应统一，宜采用喷涂或印章方式制作标识。

4.2.2　自动化流水线预制构件制作流程

如图 4.34 所示,自动化流水生产线是典型的流水生产组织形式,是劳动对象按既定工艺路线及生产节拍,依次通过各个工位,最终形成产品的一种组织方式。在生产线上,按工艺要求依次设置若干操作工位,模台在沿生产线行走过程中完成各道工序,然后将已成型的构件连同模台送进养护窑。这种工艺机械化程度高,生产效率也高,可持续循环作业,便于实现自动化生产、平模传送流水工艺的布局,可将养护窑建在和作业线平行的一侧,构成平面流水。该生产方式具有工艺过程封闭、各工序时间基本相等或为简单的倍比关系、生产节奏性强、过程连续性好等特征。

图 4.34　自动化流水生产线

自动化流水生产线适合生产叠合楼板、出筋少的墙板等构件,只有在构件标准化、规格化、单一化、专业化和数量大的情况下,才能不破坏生产线的平衡,避免在某工位长时间停滞,可实现流水线的自动化,提高生产效率。

以下主要以双面叠合墙板为例介绍自动化流水线预制构件制作流程。

(1)制作工艺流程

双面叠合墙板制作工艺流程如图 4.35 所示。

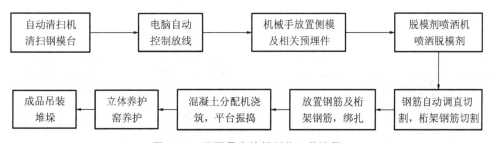

图 4.35　双面叠合墙板制作工艺流程

(2)流水线介绍

叠合楼板、叠合墙板等板式构件一般采用平整度很好的大平台钢模自动化流水作业的方式来生产,如同其他工业产品生产流水线一样,工人在固定岗位执行固定工序,流水线式生产构件,人员数量需求少,主要使用机械设备,生产效率大大提高。其主要流水作业环节为:

①自动清扫机清扫钢模台；

②电脑自动控制放线；

③钢平台上放置侧模及相关预埋件，如线盒、套管等；

④脱模剂喷洒机喷洒脱模剂；

⑤钢筋自动调直切割，桁架钢筋切割；

⑥人工操作放置钢筋及桁架钢筋，绑扎；

⑦混凝土分配机浇筑，平台振捣（若为叠合墙板，此处多一道翻转工艺）；

⑧立体养护窑养护；

⑨成品吊装堆垛。

（3）主要生产工序

用过的钢模台通过清扫机清扫，板面上的残留物被处理干净，同时由专人检查板面清洁。待清扫的钢模台如图4.36所示。

全自动绘图仪收到主控电脑的数据后在清洁的钢模台上自动绘出预制件的轮廓及预埋件的位置，如图4.37所示。

图4.36　待清扫的钢模台

图4.37　电脑自动控制放线

根据绘图仪所绘图线，机械手对应放置侧模、带有塑料垫块支撑的钢筋及所涉及的预埋件，即机械手开始支模，如图4.38所示。

支完模板的钢模台将运行到下一个位置，脱模剂喷洒机会在钢模台的模板上均匀地喷洒一层脱模剂，如图4.39所示。

图4.38　机械手支模

图4.39　喷洒脱模剂

钢筋调直切割机根据计算机中的生产数据调直切割钢筋并按照设计的间距在钢模台上准确的位置摆放纵向受力钢筋、横向受力钢筋及桁架钢筋，如图4.40所示。

工人按照生产量清单输入搅拌混凝土的用量指令,混凝土搅拌设备从料场自动以传送带按混凝土等级要求和配备比提取定量的水泥、砂、石子及外加剂进行搅拌,并用斗车将搅拌好的混凝土输送到钢模上方的浇筑分配机,如图 4.41 所示。

图 4.40　钢筋调直、切割及摆放

图 4.41　混凝土浇筑分配机

浇筑斗由人工控制,按照用量进行浇筑。浇筑完毕后,启动钢模台下振捣器进行振捣密实,如图 4.42 所示。

图 4.42　混凝土浇筑后振捣

振捣密实的混凝土连同钢模台送入养护窑,如图 4.43 所示。蒸汽养护 8 h 后,可达到构件设计强度的 75%。养护完毕的成品预制件被送至厂区堆场。自然养护 1 d 后即可直接送到工地进行吊装。送至工地前预制构件需翻板脱模。预制构件翻板脱模如图 4.44 所示。

图 4.43　混凝土养护

图 4.44　预制构件翻板脱模

4.3 预制构件生产质量通病分析

装配式混凝土建筑通过前期的设计和策划,可以将二次结构、保温、门窗、外墙装饰等在预制装配设计时集合到预制构件中,大幅度减少现场施工和二次作业,解决了不少现浇混凝土建筑的质量问题。同时,因为行业发展速度快、熟练工人少、产业配套不成熟等因素,预制混凝土构件在生产过程中存在三类质量通病:

(1)结构质量通病。这类质量通病可能影响到结构安全,属于严重质量缺陷。

(2)尺寸偏差通病。这类质量问题不一定会造成结构缺陷,但可能影响建筑功能和施工效率。

(3)外观质量通病。这类质量通病对结构、建筑通常都没有很大影响,属于次要质量缺陷,但在外观要求较高的项目(如清水混凝土项目)中,这类问题就会成为主要问题。同时,由外观质量通病所隐含的构件内在质量问题也不容忽视。

4.3.1 结构质量通病

(1)混凝土强度不足

①问题描述

预制构件出池强度不足、运输强度不足或安装强度不足,也可能使最终结构强度不足。传统的预制构件,在带模板蒸汽养护的情况下,可以一次养护完成,同条件试件达到设计强度100%才出池,同时满足运输、安装和使用的要求,但目前很多构件生产厂预制构件出池强度偏低,后期养护措施又不到位,在运输安装过程中容易缺棱掉角,甚至存在结构内在质量缺陷,有时还会产生安全问题,因为所有锚固件、预埋件均是基于混凝土设计标准值考虑的,而生产、运输、安装过程中混凝土强度不足可能导致锚固力不足,从而存在安全隐患。

②原因分析

直接原因是混凝土养护时间短,养护措施不到位,缺乏混凝土强度形成过程监控措施。根本原因是技术管理人员对预制构件混凝土质量过程管理不熟悉、不重视、不严格。

③预防措施

预防措施包括:针对预制构件使用的混凝土配合比,制作混凝土强度增长曲线供质量控制参考;制订技术方案时结合施工需要确定混凝土合理的出池、出厂、安装强度;针对日常生产的混凝土,每天做同条件养护试件若干组,并根据需要试压;做好混凝土出池后各阶段的养护;混凝土强度尚未达到设计值的预制构件,应有专项技术措施确保质量安全。

④处理方法

对施工过程中发现的混凝土强度不足问题,应当加强混凝土养护,并用同条件试块、回弹等方法检测强度,满足要求后方可继续施工;对最终强度达不到设计要求的,应当根据最终值提请设计方和监理方洽商,是否可以降低标准使用(让步接收),确实无法满足结构要求的,构件报废并返工重做。

(2)钢筋或结构预埋件尺寸偏差过大

①问题描述

预制构件钢筋或结构预埋件(灌浆套筒、预埋铁件、连接螺栓等)位置偏差过大,如预留钢筋长度偏差大(图 4.45),轻则影响外观和构件安装,重则影响结构受力。

②原因分析

可能原因有:构件深化设计时未进行碰撞检查;钢筋半成品加工质量不合格;吊运、临时存放过程中没有做防变形支架;钢筋及预埋件未用工装定位牢固;混凝土浇筑过程中钢筋骨架变形,预埋件跑位;外露钢筋和预埋件在混凝土终凝前没有进行二次矫正;过程检验不严格,技术交底不到位。

③预防措施

预防措施包括:深化设计阶段应用 BIM 技术进行构件钢筋之间、钢筋与预埋件及预留孔洞之间的碰撞检查;采用高精度机械进行钢筋半成品加工;结合

图 4.45　预留钢筋长度偏差大

安装工艺,考虑预留钢筋与现浇段钢筋的位置关系;钢筋绑扎或焊接牢固,固定钢筋骨架和预埋件的措施可靠有效;浇筑混凝土之后专门安排工人对预埋件和钢筋进行复位;严格执行检验程序。

④处理方法

对施工过程中发现的钢筋和预埋件偏位问题,应当及时整改,没有达到标准要求不能进入下一道工序;对已经形成的钢筋和预埋件偏位,能够复位的尽量复位,不能复位的要测量数据,提请设计方和监理方洽商,是否可以降低标准使用(让步接收),确实无法满足结构要求的,构件报废并返工重做。

(3)钢筋保护层厚度不合格

①问题描述

构件钢筋的保护层厚度偏差大(过小或过大),如图 4.46 所示。这种缺陷从外观可能看不出来,但通过仪器可以检测出,会影响构件的耐久性或结构性能。

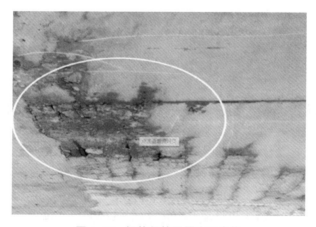

图 4.46　钢筋保护层厚度不合格

②原因分析

可能原因有:钢筋骨架合格但构件尺寸存在偏差;钢筋半成品或骨架成型质量差;模板

尺寸不符合要求;保护层厚度垫块不合格(尺寸不对或者偏软);混凝土浇筑过程中,钢筋骨架被踩踏;技术交底不到位;质量检验不到位。

③预防措施

预防措施包括:应用BIM技术进行构件钢筋保护层厚度模拟,对不同保护层厚度进行协调,便于控制;采用符合要求的保护层厚度垫块;加强钢筋半成品、成品保护,混凝土浇筑过程中采取措施,严禁砸、压、踩踏和直接顶撬钢筋;双层钢筋之间设置足够多的防塌陷支架;加强质量检验。

④处理方法

钢筋保护层厚度不合格,如果是由钢筋偏位导致的,经设计方、监理方会商同意可使用,但要有特殊保障措施,否则报废;如果是构件本身尺寸偏差过大,则要具体分析其是否可用。钢筋保护层厚度看似小问题,但一旦发生很难处理,而且往往是大面积系统性的,应当引起重视。

(4)裂缝

①问题描述

裂缝(图4.47)从混凝土表面延伸至混凝土内部,按照深度不同可分为表面裂缝、深层裂缝、贯穿裂缝等。贯穿裂缝或深层的结构裂缝,对构件的强度、耐久性、防水等会造成不良影响,对钢筋的保护尤其不利。

图4.47 预制构件的裂缝

②原因分析

混凝土开裂的成因很复杂,但最根本的原因就是混凝土抗拉强度不足以抵抗拉应力。混凝土的抗拉强度较低,一般只有几兆帕,而产生拉应力的原因很多,常见的有干燥收缩、化学收缩、降温收缩、局部受拉等。直接原因可能是养护期表面失水、升温降温太快、吊点位置不对、支垫位置不对、施工措施不当导致构件局部受力过大等等。混凝土在整个水化、硬化过程中强度持续增长,当混凝土强度增长不足以抵抗所受拉应力时,出现裂缝。拉应力持续存在,则裂缝持续展开。压应力也可能产生裂缝,但这种裂缝伴随的是混凝土整体破坏,一般很少见。

③预防措施

预防措施包括:合理设计构件结构,尤其是针对施工荷载设计构造配筋;优化混凝土配合比,控制混凝土自身收缩;采取措施,做好混凝土强度增长关键期(水泥水化反应前期)的养护工作;制订详细的构件吊装、码放、倒运、安装方案并严格执行;对于清水混凝土构件,应及时涂刷养护剂和保护剂。

④处理方法

裂缝处理的基本原则是:分析清楚形成的原因,如果是长期存在的应力造成的裂缝,要想办法消除应力或者将应力控制在可承受范围内;如果是短暂应力造成的裂缝,应力已经消除,则主要处理已形成的缝。表面裂缝(宽度小于 0.2 mm,长度小于 30 mm,深度小于 10 mm),一般不影响结构安全,主要措施是将裂缝封闭,以免水汽进入构件,引起钢筋锈蚀;对于较宽、较深甚至是贯通的裂缝,要采取灌注环氧树脂的方法将内部裂缝填实,再进行表面封闭。超过规范规定尺度的裂缝,应制订专项技术方案报设计方和监理方审批后执行。已经破坏严重的构件,则无修补必要。

(5)灌浆孔堵塞

①问题描述

采用灌浆套筒进行钢筋连接时,会出现灌浆孔(管道)堵塞的情形,如图 4.48 所示,严重影响套筒灌浆质量,应当引起重视。

②原因分析

可能原因有:封堵套筒端部的胶塞过大;灌浆管在混凝土浇筑过程中被破坏或折弯;灌浆管定位工装移位;水泥浆渗漏进入套筒;采用坐浆法安装墙板时坐浆料太多,挤入套筒或灌浆管;灌浆管保护措施不到位,有异物掉入。

③预防措施

预防措施包括:优化套筒结构,保证施工质量;做好灌浆管固定和保护,工装安全可靠;混凝土浇筑时避免碰到灌浆管及其定位工装;严格执行检验制度,在灌浆管安装、混凝土浇筑、成品验收时都要检验灌浆管的畅通性。

图 4.48　灌浆孔堵塞

④处理方法

对堵塞的灌浆管,要剔除周边混凝土,直到具备灌浆条件。待套筒灌浆完成后采用修补缺棱掉角的方法修补。对剔凿后仍然不能确保灌浆质量的构件,制订补强方案提请设计方和监理方审核处理。

4.3.2　尺寸偏差通病

(1)构件尺寸偏差、平整度不合格

①问题描述

预制构件外形尺寸、表面平整度、轴线位置超过规范允许偏差范围,如图 4.49 所示。

②原因分析

可能原因有:模板定位尺寸不准,没有按施工图纸进行施工放线或误差较大;模板的强度和刚度不足,定位措施不可靠,混凝土浇筑过程中移位;模板使用时间过长,出现了不可修

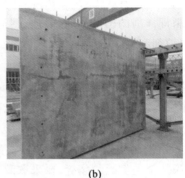

(a)　　　　　　　　　　　　　　　(b)

图 4.49　构件尺寸偏差、平整度不合格

(a)外形尺寸偏差过大;(b)表面平整度超过允许偏差范围

复的变形;构件体积太大,混凝土流动性太大,导致浇筑过程中模具跑位;构件生产出来后码放、运输不当,导致塑性变形。

③预防措施

预防措施包括:优化模板设计方案,确保模板构造合理、刚度足够完成任务;施工前认真熟悉设计图纸,首次生产的产品要对照图纸进行测量,确保模具合格、构件尺寸正确;保证模板支撑机构具有足够的承载力、刚度和稳定性,确保模具在浇筑混凝土及养护的过程中不变形、不失稳、不跑模;振捣工艺合理,模板不受振捣影响而变形;控制混凝土坍落度,使之不要太大;在浇筑混凝土的过程中,及时发现松动、变形的情形,并及时补救;做好二次抹面压光;制订合理码放、运输技术方案并严格执行;严格执行"三检"制度。

④处理方法

预制构件不应有影响结构性能和使用功能的尺寸偏差;对超过尺寸允许偏差要求且影响结构性能、设备安装、使用功能的结构部位,可以采取打磨、切割等方式处理。尺寸偏差严重的,应由施工单位提出技术处理方案,并经设计单位及监理(建设)单位认可后进行处理。对处理后的部位,应重新验收。

(2)预埋件尺寸偏差

①问题描述

预制构件中的各种线盒、管道、吊点、预留孔洞等中心点位移、轴线位置超过规范允许偏差范围。这类问题非常普遍,虽然对结构安全没有影响,但是严重影响外观和后期装饰装修工程施工。

②原因分析

可能原因有:设计不够细致,存在尺寸冲突;定位措施不可靠,容易移位;工人施工不够细致,没有固定好;混凝土浇筑过程中被振捣棒碰撞;抹面时没有认真采取纠正措施。

③预防措施

预防措施包括:深化设计阶段应用 BIM 技术进行预埋件放样和碰撞检查;采用磁盒、夹具等固定预埋件,必要时采用螺丝拧紧;加强过程检验,切实落实"三检"制度;浇筑混凝土过程中避免振捣棒直接碰触钢筋、模板、预埋件等;在完成混凝土浇筑后,认真检查每个预埋件的位置,及时发现问题,及时纠正问题。

④处理方法

混凝土预埋件、预留孔洞不应有影响结构性能和装饰装修的尺寸偏差。对超过尺寸允许偏差范围且影响结构性能、装饰装修的预埋件,需要采取补救措施,如多余部分切割、不足部分填补、偏位严重的挖掉重植等。严重缺陷,应由施工单位提出技术处理方案,并经设计单位及监理(建设)单位认可后进行处理。对处理后的部位,应重新验收。

(3)缺棱掉角

①问题描述

构件边角破损,影响到尺寸测量和建筑功能,如图 4.50 所示。

图 4.50　缺棱掉角

②原因分析

可能原因有:设计配筋不合理,边角钢筋的保护层厚度过大;施工(出池、运输、安装)过程混凝土强度偏低,易破损;构件或模具设计不合理,边角尺寸太小或易损;拆模操作过猛,边角受外力或重物撞击;脱模剂没有涂刷均匀,导致拆模时边角粘连被拉裂;出池、倒运、码放、吊装过程中,因操作不当引起构件边角等位置磕碰。

③预防措施

预防措施包括:优化构件和模具设计,在阴角、阳角处尽可能做倒角或圆角,必要时增加抗裂构造配筋;控制拆模、码放、运输、吊装强度,移除模具的构件的混凝土强度不应小于 20 MPa,拆模时应注意保护棱角,避免用力过猛;脱模后的构件在吊装和安放过程中,应做好保护工作;加强质量管理,有奖有罚。

④处理方法

对崩边、崩角尺寸较大(超过 20 mm)位置,首先进行破损面清理,去除浮渣,然后用结构胶涂刷结合面,使用加专用修补剂的水泥基无收缩高强砂浆进行修补(修补面较大应加构造配筋或抗裂纤维),修补完成后保湿养护不少于 48 h,最后做必要的表面修饰。超过规范允许范围要报方案经设计方、监理方同意,不能满足规范要求的报废处理。

(4)孔洞、蜂窝、麻面

①问题描述

孔洞(图 4.51)是指混凝土中孔穴深度和长度均超过保护层厚度的现象;蜂窝(图 4.52)是指混凝土表面缺少水泥砂浆而形成石子外露的现象;麻面(图 4.53)是指构件表面呈现许多小凹点而无钢筋暴露的现象。

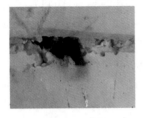

图 4.51　孔洞

图 4.52　蜂窝

图 4.53　麻面

②原因分析

可能原因有：混凝土欠振，不密实；隔离剂涂刷不均匀，粘模；钢筋或预埋件过密，混凝土无法正常通过；边角漏浆；混凝土和易性差，泌水或分离；混凝土拆模过早，粘模；混凝土集料粒径与构件配筋不符，不易通过间隙。

③预防措施

预防措施包括：深化设计阶段认真研究钢筋、预埋件情况，为混凝土浇筑创造条件；模板每次使用前应进行表面清理，保持表面清洁光滑；采用适合的脱模剂；做好边角密封(不漏水)；采用最大粒径符合规范要求的混凝土；按规定或方案要求合理布料，分层振捣，防止漏振；对局部配筋或工装过密处，应事先制订处理措施，保证混凝土能够顺利通过；严格控制混凝土脱模强度(一般不低于 15 MPa)。

④处理方法

对于表面蜂窝、麻面，刷洗干净后，用掺细砂的水泥砂浆将露筋部位抹压平整，并认真养护。对于较深的孔洞，将表面混凝土清除后，应观察内部结构，如果发现孔洞内部空间较大或者构件两面同时出现孔洞，应引起重视。如果缺陷部位在构件受压的核心区，应进行无损检测，确保混凝土抗压强度合格方能使用。必要时进行钻芯取样检查，检查后认为密实性不影响结构安全的，也要进行注浆处理，检查后不能确定缺陷程度或者不密实范围超过规范要求的，构件应该报废处理。内部填充密实后，表面用修补麻面的办法修补。

4.3.3　外观质量通病

(1)色差

①问题描述

混凝土为一种多组分复合材料，表面颜色常常不均匀，如图 4.54 所示，有时形成非常明显的反差。

②原因分析

形成色差的原因很多，总体来说有以下几方面：不同配合比颜色不一致；原材料变化导致混凝土颜色变化；养护条件、湿度条件、混凝土密实性不同导致混凝土颜色差异；脱模剂、模板材质不同导致混凝土颜色差异。

③预防措施

预防措施包括：保持混凝土原材料和配合比不变；及时清理模板，均匀涂刷脱模剂；加强混凝土早期养护，做到保温保湿；控制混凝土坍落度和振捣时间，确保混凝土振捣均匀(不欠振，不过振)；表面抹面工艺稳定。

图 4.54　混凝土构件表面有色差

④处理方法

养护过程形成的色差,可以不用处理,随着时间推移,表面水化充分之后色差会自然减弱。对于配合比、振捣密实性、模板材质变化引起的色差,如果是清水混凝土其实也不用处理,只是涂刷表面保护剂。实在影响观感的色差,可以用带胶质的色浆进行调整,调整色差的材料不应影响后期装修。

(2)砂线、砂斑、起皮

①问题描述

混凝土表面出现条状起砂的细线即为砂线(图 4.55),若为斑块即为砂斑(图 4.56),有的可能起皮(图 4.57),皮掉了之后形成砂毛面。

图 4.55　砂线

图 4.56　砂斑

图 4.57　起皮

②原因分析

直接原因是混凝土和易性不好,泌水严重。深层次的原因是集料级配不好、砂率偏低、外加剂保水性差、混凝土过振等。起皮的一个重要原因是混凝土二次抹面不到位,没有把泌水形成的浮浆压到结构层里;同时也可能是蒸汽养护升温速度太快。

③预防措施

预防措施包括:选用普通硅酸盐水泥;通过配合比确定外加剂的适宜掺量;调整砂率和掺合料比例,增强混凝土黏聚性;采用连续级配和Ⅱ区中砂;严格控制粗集料中的含泥量、泥块含量、石粉含量、针片状颗粒含量;通过试验确定合理的振捣工艺(振捣方式、振捣时间);采用吸水型模具(如木模)。起皮的构件,应当加强二次抹面质量控制,同时严格制定及实施构件养护制度。

④处理方法

对缺陷部位进行清理后,用含结构胶的细砂水泥浆进行修补,待水泥浆体硬化后,用细砂纸将整个构件表面均匀地打磨光洁,如果有色差,应调整砂浆配合比。

(3)污迹

①问题描述

由于混凝土表面为多孔状,混凝土构件极容易被油污、锈迹、粉尘等污染,形成各种污迹,难以清洗。

②原因分析

可能原因有:模具初次使用或放置长时间不用时清理不干净,有易掉落的氧化铁红、铁黑;脱模剂选择不当,涂刷太厚或干燥太慢,沾染灰尘过多;模具使用过程中清理不干净,粘有太多浮渣;构件成品保护不到位,外来脏东西污染表面。

③预防措施

预防措施包括:初次使用模具时清理干净模具,使用过程中每次检查;优选脱模剂,宜选用清油、蜡质或者水性钢模板专用脱模剂,不能用废机油、色拉油等;制定严格的成品保护措施制度,严禁踩踏、污水泼洒等。

④处理方法

构件表面的污迹要根据成因进行清洗:酸性物质宜采用碱性洗涤剂;碱性(铁锈)物质宜采用酸性(草酸)洗涤剂;有机类污物(如油污)宜采用有机洗涤剂(洗衣粉)。用毛刷轻刷就可以清洗干净,用钢丝刷容易形成新的色差。

(4)气孔

①问题描述

混凝土表面可能会分布直径 0.5～5 mm 的气孔(图 4.58),有的地方还特别密集,影响观感。

图 4.58　气孔

②原因分析

可能原因有:配合比不当,混凝土内部黏滞力大,气泡不能溢出;外加剂与水泥和掺合料不匹配,引气多;脱模剂选择不当,黏滞气泡多;脱模剂涂刷太多且不均匀,对模板表面气泡形成黏滞作用;混凝土坍落度过小,气泡没有浆体浮力助推;振捣时间不够,气泡没有被振出;混凝土表面粘模(拆模太早或脱模剂没有发挥作用),被粘下一层皮,形成气孔。

③预防措施

预防措施包括:优选外加剂、脱模剂、模板;根据需要做好配合比试验;试验确定合理的振捣工艺(振捣方式、时间等);严格清理模板和涂刷脱模剂;严格控制拆模时混凝土的强度(一般不小于 15 MPa)。

④处理方法

对表面局部出现的气孔,采用相同品种、相同强度等级的水泥拌制成水泥浆体,修复缺陷部位,待水泥浆体硬化后,用细砂纸将整个构件表面均匀地打磨光洁,并用水冲洗洁净,确保表面无色差。

4.4 预制构件的存放、运输与现场堆放

4.4.1 预制构件的存放

(1)预制构件存放要求

存放场地应平整、坚实,并具有排水措施,堆放构件时应使构件与地面之间留有一定空隙。根据构件的刚度及受力情况,确定构件平放或立放。板类构件一般宜采用叠合平放。对宽度小于或等于 500 mm 的板,宜采用通长垫木;宽度大于 500 mm 的板,可采用不通长的垫木,垫木应上下对齐,在一条垂直线上。大型桩类构件宜平放。薄腹梁、屋架、桁架等宜立放。构件的断面高宽比大于 2.5,下部应加支撑或有坚固的堆放架,上部应拉牢固定,以免倾倒。墙板类构件宜立放。立放又可分为插放和靠放两种方式。插放时场地必须清理干净,插放架必须牢固,挂钩工应扶稳构件,垂直落地;靠放时应有牢固的靠放架,必须对称靠放和吊运,其倾斜角度应大于 80°,板的上部应用垫块隔开。

构件的最多堆放层数应按构件强度、地面耐压力、构件形状和重量等因素确定。预制叠合板、楼梯、内外墙板、梁的存放如图 4.59 至图 4.62 所示。

图 4.59 预制叠合板的存放

图 4.60 预制楼梯的存放

图 4.61 预制内外墙板的存放

图 4.62 预制梁的存放

(2)预制构件存放的注意事项

存放前应先对构件进行清理。构件清理标准为:套筒、预埋件内无残余混凝土,粗糙面分明,光面上无污渍,挤塑板表面清洁等。套筒内如有残余混凝土,应及时清理。预埋件内

如有混凝土残留现象,应用与预埋件型号匹配的丝锥进行清理,操作丝锥时需要注意,不能一直向里拧,要遵循"进两圈回一圈"的原则,避免丝锥折断在预埋件内,造成不必要的麻烦。外露钢筋上如有残余混凝土,需进行清理。检查是否有附件漏卸现象,如有漏卸,及时拆卸后送至相应班组。

将清理完的构件装到摆渡车上,起吊时避免构件磕碰,保证构件质量。摆渡车由专门的转运工人进行操作,操作时应注意摆渡车轨道内严禁站人,严禁人车分离操作,人与车的距离保持在 2~3 m,将构件运至堆放场地,然后指挥吊车将不同型号的构件分码堆放。

预制构件应按吊装、存放的受力特征选择卡具、索具、托架等吊装和固定维稳措施。对于清水混凝土构件,要做好成品保护,可采用包裹、盖、遮等有效措施。预制构件存放处 2 m 范围内不应进行电焊、气焊作业。

4.4.2 预制构件的运输

(1)预制构件的运输准备

预制混凝土构件如果在存储、运输、吊装等环节被损坏将会很难补修,既耽误工期又造成经济损失,因此,大型预制混凝土构件的存储工具与物流组织非常重要。构件运输的准备工作主要包括制订运输方案、设计并制作运输架、验算构件强度、清查构件及查看运输路线。

①制订运输方案

制订运输方案环节需要根据运输构件实际情况、装卸车现场及运输道路的情况、施工单位或当地的起重机和运输车辆的供应条件以及经济效益等因素综合考虑,最终选定运输方法、选择起重机械(装卸构件用)、运输车辆和运输路线。应按照客户指定的地点及货物的规格和重量制订特定的路线方案,确保运输条件与实际情况相符。

②设计并制作运输架

根据构件的重量和外形尺寸对运输架进行设计制作,且尽量考虑运输架的通用性。

③验算构件强度

对钢筋混凝土屋架和钢筋混凝土柱子等构件,根据运输方案所确定的条件,验算构件在最不利截面处的抗裂度,避免在运输中出现裂缝。如有出现裂缝的可能,应进行加固处理。预制构件要待混凝土强度达到 100% 进行起吊、运输,如预应力构件无设计要求,出厂时的混凝土强度不应低于混凝土立方体抗压强度设计值的 75%。

④清查构件

清查构件是指清查构件的型号、质量和数量,有无加盖合格印和出厂合格证书等。

⑤查看运输路线

在运输前再次对路线进行勘查,对于沿途可能经过的道路、桥梁、桥洞的车道承载能力、通行高度、通行宽度、弯度和坡度,沿途上空有无障碍物等进行实地考察并记载,制订出最佳且顺畅的路线。必须现场考察,如果仅凭经验和询问很难考虑许多意料之外的事情,有时甚至需要交通部门的配合等。在制订方案时,每处需要注意的地方应特别注明。如不能满足车辆顺利通行,应及时采取措施。此外,应注意沿途是否横穿铁道,如有,应查清火车通过道口的时间,以免发生交通事故。

(2)主要运输方式

在低底盘平板车上安装专用运输架,墙板对称靠放或者插放在运输架上。

对于内外墙板和 PCF 板(预制外挂墙板,安装在主体结构上,起围护、装饰作用的非承重预制混凝土外墙板)等竖向构件多采用立式运输方案,竖向墙板宜采用插放架,运输竖向薄壁构件、复合保温构件时应根据需要设置支架,墙体运输如图 4.63 所示。对构件边角部位或与紧固装置接触处的混凝土宜采用衬垫加以保护,运输时应采取绑扎固定措施。靠放运输墙板构件时,靠架应具有足够的承载力和刚度,与地面倾角宜大于 80°;墙板宜对称靠放且外饰面朝外,构件上部宜采用木垫块隔离。当采用插放架运输墙板构件时,宜采取直立运输方式,插件应具有足够的承载力和刚度,并应支垫稳固。当采取叠层平放的方式运输构件时,应采取防止构件产生裂缝的措施。

图 4.63　墙体运输

叠层平放运输方式:将预制构件平放在运输车上,其他件往上叠放在一起进行运输。叠合板、阳台板、楼梯、装饰板等水平构件多采用叠层平放运输方式。运输叠合楼板时可采用的标准为 6 层/叠,不影响质量安全时可为 8 层/叠,堆码时按产品的尺寸大小堆放。其他标准为:预应力板堆码 8～10 层/叠;叠合梁 2～3 层/叠(最上层的高度不能超过挡边层),且应考虑是否有加强筋向梁下端弯曲。

除此之外,对于一些小型构件和异型构件,多采用散装方式进行运输。

构件运输宜选用低底盘平板车;成品运输时不能急刹车,运输道路应无障碍物,运输车速平稳缓慢,不能使成品处于颠簸状态,构件一旦损坏必须返修。运输车速一般不应超过 60 km/h,转弯时应低于 40 km/h。大型预制构件采用平板拖车运输,时速宜控制在 5 km/h 以内。

简支梁的运输,除在横向加斜撑防倾覆外,平板车上的搁置点必须设有转盘;运输超高、超宽、超长构件时,必须向有关部门申报,经批准后,在指定路线上行驶。牵引车上应悬挂安全标志。超高的部件应有专人照看,并配备适当工具,保证在有障碍物情况下安全通过。

采用平板拖车运输构件时,除一名驾驶员主驾外,还应指派一名助手协助,及时反映安全情况和处理安全事宜。平板拖车上不得坐人;重车下坡应缓慢行驶,并应避免紧急刹车。驶至转弯或险要地段时,应降低车速,同时注意两侧行人和障碍物;在雨、雪、雾天通过陡坡时,必须提前采取有效措施;装、卸车应选择平坦、坚实的路面为装卸地点。装、卸车时,平板车应刹闸。

(3)主要储存方式

目前,国内的预制混凝土构件的主要储存方式有车间内专用储存架或平层叠放,以及室外专用储存架、平层叠放或散放。

（4）控制合理运输半径

合理运距的测算主要以运输费用占构件销售单价比例为考核参数。通过运输成本和预制构件合理销售价格分析，可以较准确地测算出运输成本占比与运输距离的关系，根据国内平均或者世界上发达国家占比情况反推合理运距。

从预制构件生产企业布局的角度，合理运输距离还与运输路线相关，而运输路线往往不是直线，运输距离并不能直观地反映布局情况，故有关学者提出了合理运输半径的概念。从预制构件厂到预制构件使用工地的距离并不是直线距离，况且运输构件的车辆为大型车辆，因交通限行、超宽、超高等原因经常需要绕行，所以实际运输线路更长。

根据预制构件运输经验，实际运输距离平均比直线距离长 20% 左右，因此将构件合理运输半径确定为合理运输距离的 80% 较为合理。按运输费用占销售额 8% 来估算，合理运输半径约为 100 km。合理运输半径为 100 km 意味着，以项目建设地点为中心，以 100 km 为半径的区域内的生产企业，其运输距离基本可以控制在 120 km 以内，从经济性和节能环保的角度看，处于合理范围。

总体来说，如今国内的预制构件运输与物流的实际情况还有很多需要提升的地方。目前，虽然有个别企业在积极研发预制构件的运输设备，但总体来看还处于发展初期，标准化程度低，储存和运输方式是较为落后的。受道路、运输政策及市场环境等现状的影响，运输效率高的构件专用运输车还比较缺乏。

4.4.3 预制构件的现场堆放

（1）构件堆场基本要求

预制构件堆放应符合下列规定：

①堆放场地应为吊车工作范围内的平坦场地。

②构件的临时堆场应尽可能地设置在吊机的辐射半径内，减少现场的二次搬运。

③堆放场地应平整、坚实并应有排水措施。

④预埋吊件应朝上，标识应朝向堆垛间的通道。

⑤构件支垫应坚实，垫块在构件下的位置宜与脱膜、吊装时的起吊位置一致。

⑥重叠堆放构件时，每层构件的垫块应上下对齐，堆垛层数应根据构件、垫块的承载力确定，并应根据需要采取防止堆垛倾覆的措施。

⑦堆放预应力构件时，应根据构件起拱值的大小和堆放时间采取相应措施。

（2）进场验收

构件进场后，检查人员应检查预制构件数量及质量证明文件和出厂标志（标志内容包括构件编号、制作日期、合格状态、重量、生产单位等），就构件外观、编号、尺寸偏差、预埋件、吊环、吊点、预留洞的尺寸偏差等信息进行检查。经检查后对一般缺陷进行修补，严重缺陷不得使用。

对于预制楼梯，应复检编号、生产日期等信息，测量楼梯段的宽度和预埋焊接钢板距边缘的距离，验收楼梯的厚度、台阶宽度、踏步高度、踏步宽度、栏杆预埋件的位置等，如图4.64 所示。

对于预制阳台板，应测量地漏距边的距离、锚固钢筋的长度和空调板的厚度。

对于预制叠合楼板应采集叠合楼板的编号、生产日期等信息，测量叠合板的长度、主筋的间距及数量，测量叠合板桁架钢筋距离叠合板板面的高度（设计此距离是为了使预埋管从钢筋桁架下穿过），测量预埋套筒的位置，测量预埋灯盒的距离。

（3）构件堆放要求

预制构件进场后应按型号、构件所在部位、施工吊装顺序分别设置堆垛。构件的堆放应满足现场平面布置的要求，满足吊装的要求，满足构件强度的要求。

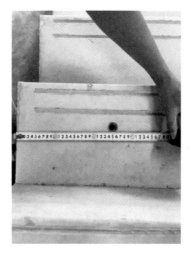

图 4.64　预制楼梯构件预埋件位置复检

各类构件应分别满足以下要求。

①预制实心墙板入场堆放要求：预埋吊件应朝上，标识宜朝向堆垛间的通道；构件支撑应坚实，垫块在构件下的位置与脱模、吊装时的起吊位置一致。

②预制柱、梁入场堆放要求：按照符合就近吊装原则的位置堆放，水平放置并用垫木支撑。

③叠合板入场堆放要求：预埋吊件应朝上，标识宜朝向堆垛间的通道，构件支撑应坚实，垫块在构件下的位置与脱模、吊装时的起吊位置一致；重叠堆放构件时，每层构件间的垫块应上下对齐，堆垛层数应根据构件、垫块的承载力确定，最多不超过 6 层。叠合板堆放如图 4.65 所示。

图 4.65　叠合板堆放

采用靠放架堆放墙板构件时,靠放架应具有足够的承载力和刚度,与地面的倾角宜大于80°;墙板宜对称靠放且外饰面朝外,构件上部宜采用木垫块隔离。采用插放架堆放墙板构件时,插件应具有足够的承载力和刚度,并应支垫稳固。采取叠层平放的方式堆放墙板构件时,应采取防止构件产生裂缝的措施。采用支架对称堆放外墙板时,支架倾斜角度保持在5°～10°。

4.5 预制构件的生产管理

4.5.1 生产质量管理

构件生产厂生产预制构件与传统现浇施工相比,具有作业条件好、不受季节和天气影响、构件尺寸误差小,误差可以控制在1～5 mm,并且表面观感质量较好,能够节省大量的抹灰找平材料,减少原材料的浪费和工序等优点。预制构件作为工厂生产的一种半成品,质量要求非常高,没有返工的机会,一旦发生质量问题,可能比传统现浇造成的经济损失更大。可以说,预制构件生产是"看起来容易,要做好很难"的一个行业,由传统建筑业现浇方式转型为预制构件生产,在技术、质量、管理等方面需要应对诸多挑战。如果技术先进、管理到位,则生产出的预制构件质量好、价格低;而技术落后、管理松散,生产出的预制构件质量差、价格高,也存在个别预制构件的质量低于现浇方式生产出的构件质量的现象。

影响预制构件质量的因素很多,总体上来说,要想预制构件质量过硬,首先要端正思想、转变观念,坚决摒弃"低价中标、以包代管"的传统思路,建立起"优质优价、奖优罚劣"的制度和精细化管理的工程总承包模式;其次应该尊重科学和市场规律,彻底改变传统建筑业中落后的管理方式方法,对内、对外都建立起"诚信为本、质量为根"的理念。

(1)人员素质对预制构件质量的影响

在大力推进装配式建筑的过程中,管理人员、技术人员和产业工人的缺乏是影响非常大的制约因素,甚至成为装配式建筑推进过程中的瓶颈问题。这不但会影响预制构件的质量,还会对生产效率、构件成本等方面产生较大的影响。

预制构件生产厂需要有大额的固定资产投资,为了满足生产要求,需要大量的场地、厂房和工艺设备投入,硬件条件要求远高于传统现浇方式,同时还要拥有相对稳定的熟练产业工人队伍,各工序和操作环节相互配合才能达成默契,减少各种错漏碰缺的发生,以保证生产的连续性和质量的稳定性,只有经过人才和技术的沉淀,才能不断提升预制构件质量和经济效益。

产品质量是技术不断积累的结果,质量一流的预制构件厂,一定拥有一流的技术和管理人才,从系统性角度进行分析,为了保证预制构件的质量稳定,首先要保证人才队伍的相对稳定。

(2)生产装备和材料对预制构件质量的影响

预制构件作为组成装配式建筑的主要半成品,质量和精度要求远高于传统现浇方式,高精度的构件质量需要优良的模具和设备来保证,同时需要保证原材料和各种特殊配件的质量优良,这是保证构件质量的基本条件。离开这些基本条件,再有经验的技术和管理人员以及一线工人,也难以生产出优质的构件,甚至出现产品达不到质量标准的情况。从目前多数预制构件生产厂的建设过程来看,无论是设备、模具还是材料的采购,低价中标仍是主要的中标条件,供应商压价竞争也还是普遍现象,在这种情况下,难以买到好的材料和产品,也很难做出高品质的预制构件。

模具的好坏直接影响着构件质量。判断预制构件模具好坏的标准包括精度、刚度、重量大小,是否方便拆装,以及售后服务好坏。但在实际采购过程中,往往考虑成本因素,采用最低价中标,用最差、最笨重的模具与设计合理、质量优良的模具进行价格比较,最终选用廉价的模具,造成生产效率低、构件质量差等一系列问题,同时,还存在拖欠供应商的货款导致服务跟不上等问题。

"原材料质量决定构件质量"的道理很浅显,原材料不合格肯定会造成产品质量缺陷,但在原材料采购环节,有一些企业缺乏经验,简单地进行价格比较,不能有效把控质量。例如,一些承重和受力的配件如果存在质量缺陷,将有可能会导致在起吊运输环节产生安全问题,或者砂石原材料质量差,出现问题后代价会很大,这些问题的出现并不是签订一个条款严格的合同,把责任简单地转嫁给供应商就可以解决的,问题的源头就是采购方追求低价,是"以包代管"思想作祟。

(3)技术和管理对预制构件质量的影响

与传统现浇施工相比,在预制构件的生产过程中,需要熟悉新技术、新材料、新产品、新工艺,进行生产工艺研究,并对工人进行必要的培训,有时还需协调外部力量参与生产质量管理,聘请外部专家、供应商技术人员讲解相关知识,提高技术认识。

预制构件作为装配式建筑的半成品,若存在无法修复的质量缺陷,基本上没有返工的机会,构件的质量好坏对于后续的安装施工影响很大,构件质量不合格会产生诸多连锁反应,因此生产管理也显得尤为重要。

生产管理方面可采取以下措施:

①应建立起质量管理制度,如 ISO9000 系列的认证、企业的质量管理标准等,并严格落实监督执行。在具体操作过程中,针对不同的订单产品,应根据构件生产特点制订每个操作岗位相应到位、明确的质量检查程序、检查方法,并对工序之间的交接进行质量检查,以保证制度的合理性和可操作性。

②应指定专门的质量检查员,落实质量管理制度,以防质量管理流于形式。重点对原材料质量和性能、混凝土配合比、模具组合精度、钢筋及预埋件位置、养护温度和时间、脱模强度等内容进行监督把控,检查各项质量检查记录。

③应对所有的技术人员、管理人员、操作工人进行质量管理培训,明确每个岗位的质量责任,在生产过程中严格执行工序之间的交接检查,由下道工序对上道工序的质量进行检查验收,形成全员参与质量管理的氛围。

④要做好预制构件的质量管理,并不是简单地靠个别质检员的检查,而是要将"品质为根"的质量意识植入每一个员工的心里,让每一个员工主动地按照技术和质量标准做好每项工作,可以说,好的构件质量是"做"出来的,而不是"管"出来的,是所有参与者共同努力的结果。

(4)工艺方法对预制构件质量的影响

制作预制构件的工艺方法有很多,同样的预制构件,在不同的预制构件生产厂可能会采用不同的生产制作方法,不同的工艺做法可能导致不同的质量水平,生产效率也可能大相径庭。

以预制外墙板为例,多数预制构件生产厂是采用卧式反打生产工艺,也就是室外的一侧贴着模板,室内的一侧采用人工抹平的工艺方法,制作出的外墙板构件外面平整光滑,但是内侧的预埋件很多,这就会影响生产效率,例如预埋螺栓、插座盒、套筒灌浆孔等会影响抹面操作,导致观感质量下降。如果采用正打工艺,把室内一侧朝下,用磁性固定装置把内侧预埋件吸附在模台上,室外一侧基本没有预埋件,抹面找平时就很容易操作,甚至可以采用抹平机,这样做出来的构件内、外两侧都会很平整,并且生产效率高。

预制构件厂应该配备相应的工艺工程师,对各种构件的生产方法进行研究和优化,为生产配备相应的设施和工具,简化工序,降低工人的劳动强度。总体来说,操作越简单质量越有保证,技术越复杂越难以掌握,质量越难保证。

4.5.2　生产安全管理

预制构件生产企业应建立健全安全生产组织机构、管理制度、设备安全操作规程和岗位操作规范。

从事预制构件生产设备操作的人员应取得相应的岗位证书。特殊工种作业人员必须经安全技术理论和操作技能考核合格,并取得建筑施工特殊作业人员操作资格证书,应接受预制构件生产企业规定的上岗培训,并应在培训合格后再上岗。预制构件制作厂区操作人员应配备合格劳动防护用品。

预制墙板用保温材料、砂石等材料进场后,应存放在专门场地,保温材料堆放场地应有防火、防水措施。易燃、易爆物品应避免接触火种,单独存放在指定场所,并应进行防火、防盗管理。

吊运预制构件时,构件下方严禁站人。施工人员应待吊物降落至离地 1m 以内再靠近吊物。预制构件应在就位固定后再进行脱钩。用叉车、行车卸载时,非相关人员应与车辆、构件保持安全距离。

特种设备应在检查合格后再投入使用。沉淀池等临空位置应设置明显标志,并应进行围挡。车间应进行分区,并设立安全通道。原材料进出通道、调运路线、流水线运转方向内严禁人员随意走动。

4.5.3　生产环境管理

预制构件生产企业在生产构件时,应严格按照操作规程,遵守国家的安全生产法规和环境保护法令,自觉保护劳动者生命安全,保护自然生态环境,具体做好以下几点:

①在混凝土和构件生产区域采用收尘、除尘装备以及防止扬尘散布的设施。通过堆场除尘等方式系统控制扬尘。

②针对混凝土废浆水、废混凝土和构件采取回收利用措施。

③设置废弃物临时置放点,并指定专人负责废弃物的分类、放置及管理工作。废弃物清运必须由合法的单位进行。有毒有害废弃物应利用密闭容器装存并及时处置。

④选用噪声小的生产装备,并在混凝土生产、浇筑过程中采取降低噪声的措施。

4.6　案 例 分 析

装配式建筑项目现场施工结构注意事项

（1）预制构件进场验收

①所有构件进场后，应依据规范逐块验收，包括外观质量、几何尺寸、预埋件、预留孔洞等，发现不合格的构件应予以处理；

②应要求厂家对所有无吊装环的预制构件的吊装点进行红油漆标记，入场后应检查是否标记吊装点。

（2）预制构件吊装方式

①设计无特殊要求时，须使用型钢扁担（图 4.66）吊装预制构件；

②吊挂位置为设计吊点位置，不得调整、少挂设计吊点；

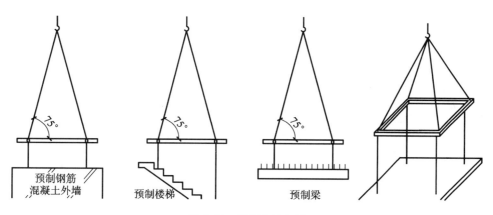

图 4.66　预制构件吊装

（3）竖向预制墙体连接钢筋定位措施

①使用钢筋焊制双 F 定位卡扣（图 4.67）对竖向连接钢筋复核、矫正，以便预制墙体与连接钢筋能够顺利对孔；

②混凝土初凝前安装双 F 定位卡扣，复核竖向钢筋位置；

③竖向构件安装前，应进行二次复核，偏位的应按规范规定进行调整，严禁切割钢筋。

（4）现浇层与装配层过渡插筋

①现浇墙体竖向纵筋直径规格是否与外伸连接纵筋相符，若相符则采用图 4.68 预留钢筋，若不相符则采用图 4.69 预埋钢筋；

②外伸连接纵筋定位应与预制墙板套筒位置相符；

③预埋钢筋定位应准确，位置按要求校核。

（5）竖向墙体连接灌浆（分仓）

①预制墙板下部四角支垫找平，垫片安装应注意避免堵塞注浆孔及灌浆连通腔；

②预制墙体吊装到位，调整完成后，进行坐浆砂浆分仓、封仓等工序施工，当用连通腔灌浆方式时，每个连通灌浆区域（仓室长度）不宜超过 1500 mm，分仓砂浆带宽度为 30～50 mm；

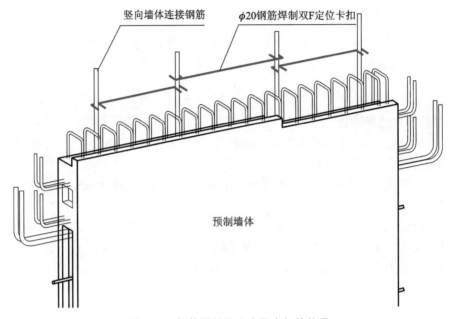

图 4.67 钢筋焊制双 F 定位卡扣的使用

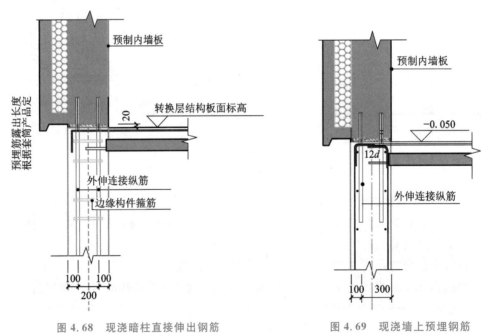

图 4.68 现浇暗柱直接伸出钢筋　　　　图 4.69 现浇墙上预埋钢筋

（6）竖向墙体连接灌浆（封仓）

①封仓采用专用工具，伸入缝隙中 20 mm 作为抹封仓砂浆的挡板；

②随抹封仓砂浆随后拉挡板，直至完成（图 4.70）；

③封仓砂浆的封堵质量应满足灌浆要求。

（7）竖向墙体连接灌浆（灌浆）

①竖向构件灌浆过程必须有项目管理人员进行旁站；

②注浆过程要保证出浆孔能顺利出浆；

图 4.70 封仓

③实施灌浆前应计算注浆量,实际灌浆量必须达到要求。

(8)灌浆步骤

①灌浆料拌合物从灌浆筒采用增压方式通过导管经注浆孔流入腔体与套筒内;

②当灌浆料拌合物从构件其他灌浆孔、出浆口流出且无气泡后及时用橡胶塞封堵。

(9)竖向墙体连接灌浆(漏浆处理)

①注浆时漏浆处理:停止灌浆并处理漏浆部位。漏浆严重时需提起预制墙板重新封仓。

②注浆后漏浆处理:进行二次补浆,二次补浆压力应比注浆时压力稍低,补浆时打开靠近漏浆部位的出浆孔。选择距漏浆部位最近的灌浆孔进行注浆,待浆体流出无气泡后封堵。

(10)竖向墙体连接灌浆(不出浆处理)

①在灌浆料加水拌和起,30 min 内的,在灌浆孔补灌;

②当灌浆料已无法流动时,可从出浆孔补灌,并应采用手动设备结合细管从出浆孔灌浆(图 4.71)。

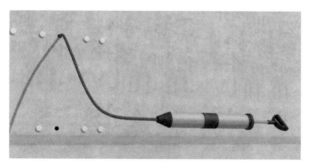

图 4.71 无法灌浆时的补救措施

(11)预制墙体与现浇墙体间的连接螺栓

①预制墙体与现浇墙体间的连接螺栓拧紧扭矩应符合《钢筋机械连接技术规范》(JGJ 107—2016)规定要求(图 4.72);

②项目应根据设计要求规定各节点螺栓外露标记,方便进行检查。

(12)预制墙体相交处模板做法

①预制墙体需预留模板加固用穿墙螺栓孔;

②预留模板加固用穿墙螺栓孔数量、间距应满足现浇墙体模板加固需求;

③在预制墙体边缘粘贴密封条防止漏浆。

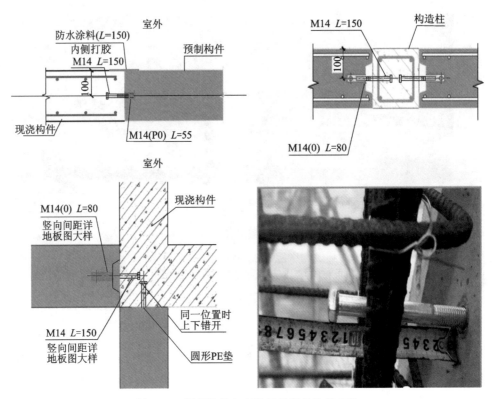

图 4.72　预制墙体与现浇墙体间的连接螺栓

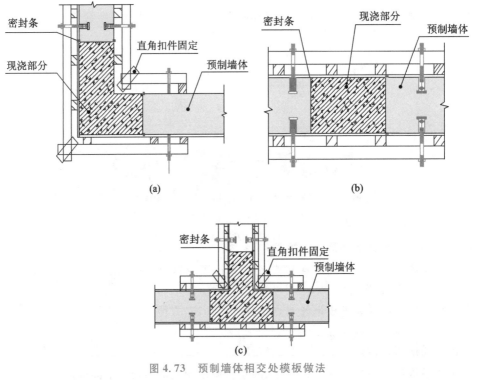

图 4.73　预制墙体相交处模板做法

(a)转角墙模板加固；(b)"一"字墙模板加固；(c)两侧加强模板可采用墙体预埋螺栓孔连接螺栓固定

（13）预制外墙板构件止水企口做法

①预制外墙板外侧设置企口，减少雨水沿接缝渗入室内；

②图 4.74 所示企口样式仅为示例，不是唯一，各项目可根据工程实际情况设置企口样式；

③企口做法应在深化设计时提出。

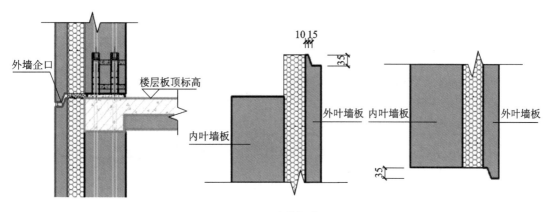

图 4.74　预制外墙板外侧企口

（14）预制墙体平窗洞口设置企口

①对预制外墙图纸进行深化时，在窗洞口四周增加企口，防止雨水渗入室内；

②外窗安装水平位置依工程实际确定，图 4.75 中剖面为示例。

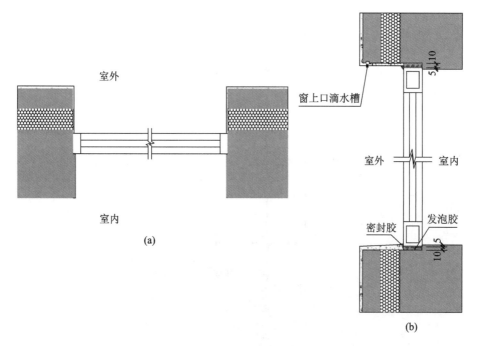

图 4.75　预制外墙平窗

(a)预制外墙平窗平面图；(b)预制外墙平窗剖面图

（15）预制飘窗板设置企口

①对预制飘窗板图纸进行深化时,在上下飘窗板增加企口,防止雨水渗入室内;

②飘窗安装水平位置依工程实际确定,图 4.76 中剖面为示例。

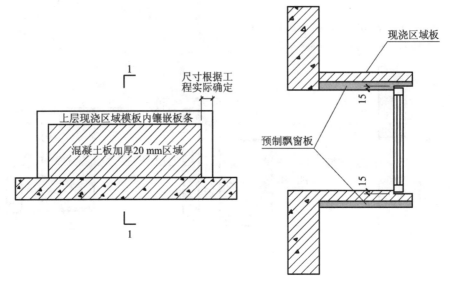

图 4.76　飘窗安装水平位置

（16）叠合板端支座防漏浆措施

①剪力墙现浇:在墙体模板顶粘贴通长海绵条,防止连接部位漏浆[图 4.77(a)];

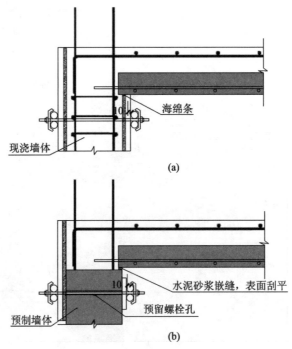

图 4.77　叠合板端支座防漏浆措施

(a)现浇墙体支座处理;(b)预制墙体支座处理

②剪力墙预制:墙体顶部预留模板穿墙螺栓孔,外模利用穿墙孔固定。墙体与叠合板拼缝处采用水泥砂浆嵌缝,表面刮平[图 4.77(b)]。

(17)叠合板支撑体系(独立支撑)

①独立钢支撑(图 4.78)顶部设置横梁(10 cm×10 cm 木方或金属横梁);

②横梁间距不超过 1.8 m,横梁距墙体不大于 0.5 m;

③独立支撑沿横梁方向间距不大于 2.0 m,距墙体不大于 0.5 m;

④支撑横梁方向:垂直于叠合板长边,双向板与现浇板带垂直;

⑤现浇楼板模板支设单独考虑。

图 4.78 独立钢支撑体系

(18)叠合板支撑体系(非独立支撑)

①碗扣或盘扣式支撑(图 4.79)中间采用横杆相连,距墙不大于 0.5 m;

②立杆纵横间距不超过 1.5 m,支撑自由端高度不超过 650 mm;层高不超过 3.1 m 时可设两道水平杆;

图 4.79 碗扣或盘扣式支撑体系

③主龙骨采用方钢管或 10 cm×10 cm 木方；

④龙骨布设时与现浇楼板支模综合考虑。

(19)叠合板与现浇板连接支模

①当叠合板与现浇板标高相同时采用图 4.80 所示支模体系；

②当现浇板存在降板,标高不一致时采用图 4.81 所示支撑方式。

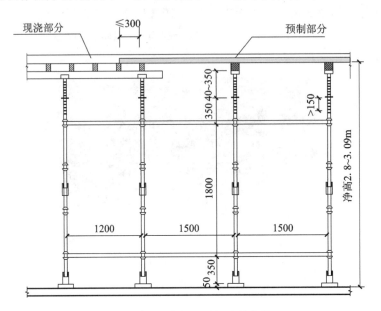

图 4.80 标高相同时板连接支模

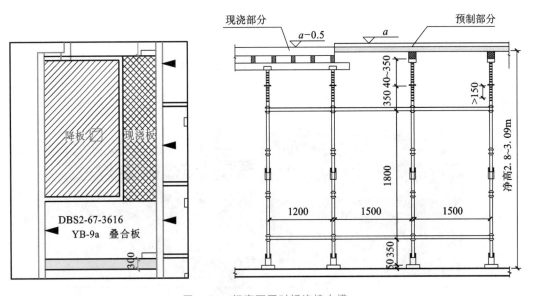

图 4.81 标高不同时板连接支模

(20)叠合板上部钢筋绑扎

①深化设计现浇厚度时必须考虑面层钢筋绑扎完后,总厚度是否仍满足钢筋保护层厚度要求；

②叠合板上层现浇板配筋与桁架钢筋紧密绑扎(尤其是剪力墙根部),防止钢筋上翘,出现露筋现象;

③板面层钢筋应设计绑扎在桁架上面,不宜穿桁架绑扎在下面(施工难度过大)。

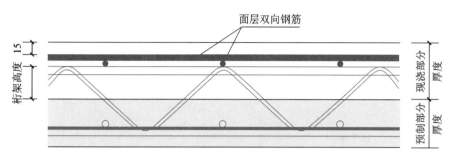

图 4.82　叠合板上部钢筋绑扎

(21)叠合板安装与梁主筋交叉处处理

叠合板端预留钢筋与两端墙体的连梁主筋有交叉(图 4.83),施工时需先绑扎梁主筋,叠合板安装前调整主筋位置,叠合板安装后再绑扎梁主筋。

图 4.83　叠合板端预留钢筋与两端墙体的连梁主筋有交叉

(22)叠合板后浇带形式接缝构造

①双向板后浇带形式接缝钢筋连接的方式见图 4.84,具体采用依设计确定;

②单向板当设计为后浇带形式接缝时应在接缝位置增加板缝附加筋;

③叠合板后浇带浇筑时务必振捣到位,保证连接质量。

(23)预制楼梯连接方法

①预制楼梯板安装前应仔细核实标高;

②预制楼梯板上部连接方式为固定铰支座(图 4.85),底部为滑动铰支座;

③固定铰支座灌浆孔在未灌浆时应做好保护,防止杂物进入孔道,灌浆时应严格控制灌浆料的密实度。

(24)预制楼梯标高控制

①预制楼梯平台面的标高应与现浇梯梁结构完成面标高一致;

②面层应留 30 mm 厚用于抹灰或贴砖。

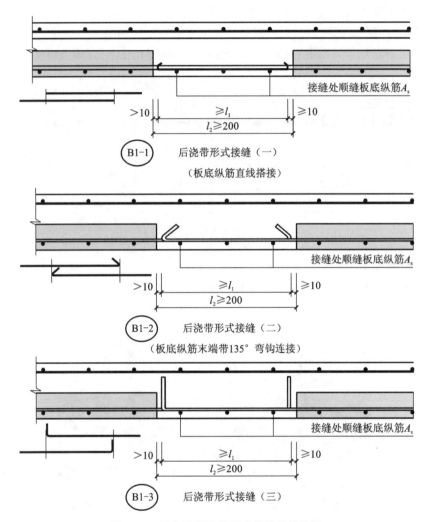

图 4.84　双向板后浇带形式接缝钢筋连接

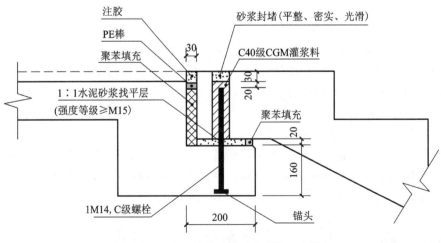

图 4.85　预制楼梯固定铰端安装节大样

(25)预制飘窗板及阳台板支模方案

①预制飘窗板及阳台板施工时应制定专项的支模方案；

②所有悬挑预制构件连接处现浇混凝土强度达到设计要求后方可拆除支撑。

(26)叠合板线管敷设方法

①当线管敷设管径大于桁架内净距,线管无法穿过桁架时可采用以下做法(图 4.86)：

A.用工具将穿管部位桁架钢筋稍稍撬起；

B.在穿管部位将桁架钢筋断开,穿管后进行双面搭接焊(此做法需与设计方沟通确认)；

C.若上述两种方式影响上部钢筋保护层厚度则需采取其他做法。

②水电管线敷设前应提前优化路径,尽可能避免管线交叉。

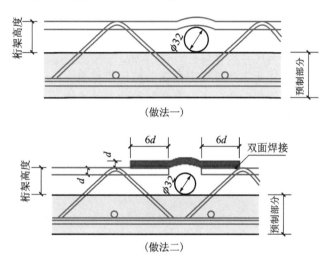

图 4.86　叠合板线管敷设方法

(27)叠合板预留线盒、预埋套管

①叠合板板顶线盒预留位置应与设计方提前沟通确认,特别是精装项目,避免后期开洞；

②叠合板预埋排水止水节洞口半径等于翼环半径加 10 mm。

图 4.87　混凝土泵管洞口

(28)泵管洞口预留

①施工前应根据图纸深化设计施工方案,提前合理布置混凝土泵管洞口位置(图 4.87),

叠合板厂家根据方案进行洞口预留,不可进行后期开洞;

②施工方案应明确混凝土泵管预留洞口大小及具体定位,不可粗略指明洞口大概位置。

(29)外架及悬挑工字钢预埋件留洞

①图纸深化设计时应考虑施工外架搭设,明确外架形式及具体的安装使用方法,确保外架满足项目自身需求;

②悬挑工字钢需进行锚固件预埋及洞口预留,确定工字钢锚固件预埋位置数量及穿外墙孔洞位置数量;

③悬挑外连墙件的位置应明确,在预制构件设置的连墙件杆件应预埋。

 课后练习题

1.简述预制混凝土构件制作流程。

2.简述双面叠合墙板制作工艺流程。

3.简述预制混凝土构件在生产过程中存在的结构质量通病。

4.简述预制混凝土构件在生产过程中存在的尺寸偏差通病。

5.简述预制混凝土构件在生产过程中存在的外观质量通病。

项目 5 装配式混凝土建筑施工技术

知识目标：熟悉装配整体式剪力墙板和叠合墙板的安装流程；重点掌握装配整体式框架结构的施工技术和装配式建筑铝模的施工技术。

能力目标：能准确识读装配整体式剪力墙板和叠合墙板安装流程图；能分析出装配整体式框架结构的施工和装配式建筑铝模的施工中常见的质量问题并能用统计学的方法分析出影响施工质量的主要因素。

素养目标：培养学生在工程实践中的创新意识和创新思维；培养学生勤于思考、勇于探究的意识；培养学生运用新技术、新工艺和信息化手段解决工程实践中具体问题的能力。

思政目标：培养学生严谨负责的态度和吃苦耐劳、团结合作的精神；培养学生的行业自信与强大的爱国情怀；树立学生的大国工匠精神和对工程施工精益求精的精神。融入工程理念和数字工程的理念，树立学生的"工程师"逻辑思维方式。

实现形式：运用理论与实践相结合的教学法、案例教学法、问题导向教学法等进行课堂教学。

装配式混凝土建筑是将工厂生产的预制混凝土构件运输到现场,经吊装、装配、连接、结合部分现浇而形成的混凝土建筑。装配式混凝土建筑在工地现场的施工安装核心工作主要包括三部分:构件的安装、连接和预埋以及现浇部分的工作,这三部分工作体现的质量和流程管控要点是装配式混凝土建筑施工质量保证的关键。

5.1 施工技术发展历程

装配式混凝土结构施工安装是装配式建筑建设过程的重要组成部分,其技术随着建设材料预制方式、施工机械和辅助工具的发展而不断进步。施工安装的发展过程主要经历了三个阶段:人工加简易工具阶段,人工、系统化工具加辅助机械阶段,人工、系统化工具加自动化设备阶段。

第一个阶段在中西方建筑史上都有非常典型的例子,如中国古代的木结构建筑的安装,石头与木结构的混合安装,孔庙前巨型碑林的安装,西方的教堂、石头建筑的安装等。这一时期的主要特征是建筑主要靠人力组织,人工加工后的材料,现有资源加工出的工具,自然界的地形地势辅以大量的劳力施工安装而成,那时尚没有大型施工机械。

第二个阶段是伴随着工业革命、机械化进程而来。这个阶段人类开始使用系统化金属工具,借助大小型机械作业,使得建筑施工安装的效率得到飞速的提升。这个阶段一直延续到今天。我们今天所说的装配式混凝土结构的施工安装其实就处于这个阶段。这个阶段按照人工和机械的使用占比可细分为初级、中级和高级阶段。

第三个阶段是以自动化技术的引入为标志,即人类应用智能机械、信息化技术于建筑安装工程中。这在目前也属于前沿地带,只是应用于一些特殊工程中,属于未来发展方向。

装配式混凝土结构施工安装的发展是人类在已有的建筑施工经验基础上,随着混凝土预制技术的发展而不断进步的。20世纪初,西方工业国家在钢结构领域积累了大量的施工安装经验,随着预制混凝土构件的发明和出现,一些装配式的施工安装方法也被延伸到混凝土领域,如早期的预制楼梯、楼板和梁的安装。"二战"结束后,欧洲国家对于战后重建的快速需求,也促进了装配式混凝土结构的蓬勃发展,尤其是在板式住宅建筑中得到了大量的推广,与其相关联的施工安装技术也得到发展。这个时期的特征是各类预制混凝土构件采用钢筋环等作为起吊辅助。

真正意义上的工具式发展以及相关起吊连接件的标准化和专业化起源于20世纪80年代,各类装配式混凝土结构的元素也开始多样化,其连接形式也进入标准化的时代。这个时期,各类构件的起吊安装都有非常成熟的工法规定。这个时期开始,相关企业也专门编制起吊件和预埋件的相关产品标准和使用说明。到了今天,西方的装配式混凝土结构的施工安装与20世纪80年代相比,在产品和工法上没有太多的变化,新的特征是功能的集成化、更加节能以及信息化技术的引入。

近年来,装配式混凝土结构施工技术发展取得较好成效。部分龙头企业经过多年研发、探索和实践积累,形成了与装配式建筑相匹配的施工工艺工法。在装配式混凝土结构项目中,主要采取的连接技术有灌浆套筒连接和固定浆锚搭接连接。部分施工企业注重装配式建筑施工现场组织管理,生产施工效率、工程质量不断提升。越来越多的企业重视对项目经理和施工人员的培训,一些企业探索成立专业的施工队伍,承接装配式建筑项目。在装配式建筑发展过程中,一些施工企业注重延伸产业链条的发展壮大,正在由单一施工主体发展成为含有设计、生产、施工等板块的集团型企业。一些企业探索出施工与装修同步实施、穿插施工的生产组织方式,可有效缩短工期、降低造价。

装配式混凝土结构的施工技术发展虽然取得了一定进展,但是整体还处于各自为营的状态,需要进一步地整合和规范化,并通过大量项目实践和积累来形成系统化的施工安装组织模式和操作工法。

5.2　施工准备工作

5.2.1　施工方法选择

装配式混凝土结构的安装方法主要有储存吊装法和直接吊装法两种,其特点对比如表5.1所示。

表 5.1   装配式混凝土结构常见安装方法对比

名称	说明	特点
直接吊装法	又称原车吊装法,将预制构件由生产场地按构件安装顺序配套运往施工现场,由运输工具直接向建筑物上安装	(1)可以减少构件的堆放设施,少占用场地; (2)要有严密的施工组织管理; (3)需用较多的预制构件运输车辆
储存吊装法	构件从生产场地按型号、数量配套直接运往施工现场吊装机械工作半径范围内储存,然后进行安装。这是常用的方法	(1)有充分的时间做好安装前的施工准备工作,可以保证构件安装连续进行; (2)构件安装和构件卸车可分日、夜班进行,充分利用机械; (3)占用场地较多,需用较多的插放(靠放)架

5.2.2   吊装机械选择

墙板安装采用的吊装机械主要有塔式起重机和履带式(或轮胎式)起重机(图 5.1),其主要特点见表 5.2。

(a)   (b)

图 5.1   吊装机械

(a)塔式起重机;(b)履带式起重机

预制构件安装常用吊装机械如表 5.2 所示。

表 5.2   预制构件安装常用吊装机械

机械类别	特点
塔式起重机	(1)起吊高度和工作半径较大; (2)驾驶室位置较高,司机视野宽广; (3)转移、安装和拆除较麻烦; (4)需敷设轨道
履带式(或轮胎式)起重机	(1)行驶和转移较方便; (2)起吊高度受到一定限制; (3)驾驶室位置低,就位、安装不够灵活

5.2.3   施工平面布置

根据工程项目的构件分布图,制订项目的安装方案,并合理选择吊装机械。构件临时堆场应尽可能地设置在吊装机械的辐射半径内,减少现场的二次搬运,同时构件临时堆场应平整坚实,有排水设施。规划临时堆场及运输道路时,需对堆放全区域及运输道路进行加固处理。施工场地四周要设置循环道路,一般宽为 4~6 m,路面要平整、坚实,两旁要设置排水沟。距建筑物周围 3 m 范围内为安全禁区,不准堆放任何构件和材料。

墙板堆放区要根据吊装机械行驶路线来确定,一般应布置在吊装机械工作半径范围以内,避免吊装机械空驶和负荷行驶。楼板、屋面板、楼梯、休息平台板、通风道等,一般沿建筑物堆放在墙板的外侧。结构安装阶段需要吊运到楼层的零星构配件、混凝土、砂浆、砖、门窗、管材等材料的堆放,应视现场具体情况而定,要充分利用建筑物两端空地及吊装机械工作半径范围内的其他空地。这些材料应确定数量,组织吊次,按照楼层材料布置的要求,随每层结构安装逐层吊运到楼层指定地点。

5.2.4 机具准备工作

以装配整体式剪力墙结构为例,其所需机具及设备如表 5.3 所示。

表 5.3 装配整体式剪力墙结构所需机具及设备

序号	名称	型号	单位	数量
1	塔吊	QTZ60	台	1
2	振捣器	60/30	台	2
3	水准仪	NAL132,NAL222	台	1
4	铁扁担	GW40-3	套	1
5	工具式组合钢支撑	—	根	按需
6	灌浆泵	JM-GJB6	台	2
7	吊带	6T	套	3
8	铁链		条	2
9	吊钩		个	2
10	冲击钻		台	2
11	电动扳手		台	2
12	专用撬棍		根	2
13	镜子	—	个	4

5.2.5 劳动组织准备工作

装配式混凝土结构吊装阶段的劳动组织如表 5.4 所示。

表 5.4 吊装阶段的劳动组织

序号	工种	人数	说明
1	吊装工	5	操作预制构件吊起及安装
2	吊车司机	1	操作吊装机械
3	测量人员	1	进行预制构件的定位及放线
4	合计	7	—

5.2.6 其他准备工作

（1）组织现场施工人员熟悉、审查图纸，对构件型号、尺寸、预埋件位置逐块检查核对，熟悉吊装顺序和各种指挥信号，准备好各种施工记录表格。

（2）引进坐标桩、水平桩，按设计位置放线，经检验合格签字后挖土、打钎、做基础和浇筑完首层地面混凝土。

（3）对塔吊行走轨道和墙板构件堆放区等场地进行碾压、铺轨、安装塔吊，并在其周围设置排水沟。

（4）组织墙板等构件进场，按吊装顺序先存放配套构件，并在吊装前认真检查构件的质量和数量。质量如不符合要求，应及时处理。

5.3 装配整体式剪力墙结构的施工

5.3.1 施工流程

装配整体式剪力墙结构中剪力墙构件采用工厂预制、现场吊装完成，预制构件之间通过现浇混凝土进行连接，竖向钢筋通过钢筋套筒连接、螺栓连接等方式进行可靠连接。其施工流程如图 5.2 所示。

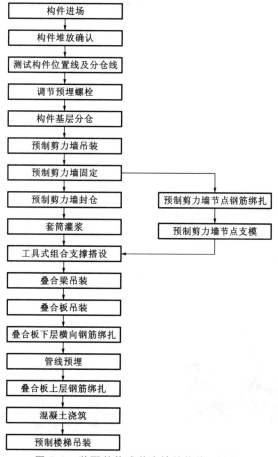

图 5.2 装配整体式剪力墙结构施工流程

119

5.3.2 预制剪力墙的安装

预制剪力墙按以下顺序进行安装:定位放线(弹轮廓线、分仓线)→调整墙竖向钢筋(垂直度、位置、长度)→标高控制(预埋螺栓)→分仓→预制剪力墙吊装→预制剪力墙固定→预制剪力墙封仓→灌浆→检查验收。

(1)定位放线

构件吊装前必须在基层或者相关构件上将各个截面的控制线、分仓线弹射好,有利于提高吊装效率和控制质量,定位放线如图5.3所示。

(2)调整墙竖向钢筋

通过固定钢模具对基层插筋进行位置及垂直度确认,如图5.4所示。

图5.3　定位放线　　　　　　　　　图5.4　调整墙竖向钢筋

(3)预埋螺栓标高调整

预埋螺栓标高调整需做到以下要点:

①初凝时对实心墙板基层用钢钎做麻面处理,吊装前清理浮灰;

②水准仪对预埋螺母标高进行调节;

③对基层地面平整度进行确认。

(4)预制剪力墙吊装及固定

预制剪力墙起吊下放时应平稳,需在墙体两边放置观察镜,确认下方连接钢筋均准确插入灌浆套筒内,检查预制构件与基层预埋螺栓是否压实无缝隙,如不满足继续调整。

图5.5　内墙板吊装

预制剪力墙垂直度允许误差为5 mm,在预制剪力墙上部2/3高度处,用斜支撑对其进行固定,斜撑底部与楼面用地脚螺栓锚固,并与楼面的水平夹角不小于60°,墙体用不少于两根斜支撑进行固定。垂直度的细微调整可通过两个斜撑上的螺纹套管来实现,两边要同时调整。在确保两个墙板斜撑安装牢固后,方可解除吊钩。内墙板吊装如图5.5所示。

(5)预制剪力墙封仓

嵌缝前需对基层及预制剪力墙接触面用专用吹风机进行清理,并做润湿处理。选择专用的封仓料和抹子,在缝隙内先压入 PVC 管或泡沫条,填抹 1.5～2 cm 深,将缝隙填塞密实后,抽出 PVC 管或泡沫条。填抹完毕后确认封仓强度达到要求(常温 24 h,约 30 MPa)后再灌浆。

　　(6)预制剪力墙墙体灌浆

　　灌浆前逐个检查接头的灌浆孔和出浆孔,确保孔路畅通,检查仓体密封情况。灌浆泵接头插入一个灌浆孔后,封堵其余灌浆孔及灌浆泵上的出浆口,待出浆孔连续流出浆体后,灌浆机稳压,立即用专用橡胶塞封堵出浆口。至所有出浆孔出浆并封堵牢固后,拔出灌浆泵接头,立刻用专用的橡胶塞封堵。外墙板施工如图 5.6 所示。

图 5.6　外墙板施工

5.3.3　叠合楼板的安装

　　叠合楼板按以下顺序进行安装:楼板及梁支撑体系安装→预制叠合楼板吊装→楼板吊装铺设完毕后的检查→附加钢筋及楼板下层横向钢筋安装→水电管线敷设、连接→楼板上层钢筋安装→预制楼板底部拼缝处理→检查验收。

　　(1)楼板及梁支撑体系安装

　　楼板的支撑体系必须有足够的强度和刚度,楼板支撑体系的水平高度必须达到精准的要求,以保证楼板浇筑成型后底面平整,如图 5.7 所示。楼板支撑体系木工字梁设置方向垂直于叠合楼板内格构梁的方向,梁底边支座不得大于 500 mm,间距不大于 1200 mm。叠合板与边支座的搭接长度为 10 mm,在楼板边支座附近 200～500 mm 范围内设置一道支撑体系。

　　(2)叠合楼板的吊装

　　叠合楼板吊装前应将支座基础面及楼板底面清理干净,避免点支撑。吊装时先吊铺边缘窄板,然后按照顺序吊装剩下板块,每块楼板起吊用 4 个吊点,吊点位置为格构梁上弦与腹筋交接处,距离板端为整个板长的 1/5、1/4 之间,如图 5.8 所示。吊装锁链采用专用锁链和 4 个闭合吊钩,平均分担受力,多点均衡起吊,单个锁链长度为 4m。楼板铺设完毕后,板的下边缘不应该出现高低不平的情况,也不应出现空隙,局部无法调整避免的支座处出现的空隙做封堵处理。支撑可以做适当调整,使板的底面保持平整、无缝隙。

图 5.7　楼板支撑体系　　　　　　图 5.8　叠合楼板吊装

（3）附加钢筋及楼板下层横向钢筋安装

叠合楼板连接如图5.9所示。楼板安装调平后，即可进行附加钢筋及楼板下层横向钢筋的安装。

（4）水电管线敷设及预埋

楼板上层钢筋安装完成后，进行水电管线的敷设与连接工作。为便于施工，在工厂生产阶段已将相应的线盒及预留洞口等按设计图纸预埋在预制楼板中，施工过程中各方必须做好成品保护工作，如图5.10所示。

图5.9 叠合楼板连接

图5.10 管线预埋

（5）楼板上层钢筋安装

楼板上层钢筋设置在格构梁上弦钢筋上并绑扎固定，以防止浇筑混凝土时上浮和偏移。对已铺设好的钢筋、模板进行保护，禁止在底模上行走或踩踏，禁止随意扳动、切断格构钢筋。

（6）预制楼板底部接缝处理

在墙板和楼板混凝土浇筑之前，应派专人对预制楼板底部拼缝及其与墙板之间的缝隙进行检查，对一些缝隙过大的部位进行支模封堵处理，以免影响混凝土的浇筑质量。

（7）预制楼梯安装流程

预制楼梯按以下顺序进行安装：定位放线（弹构件轮廓线）→支撑架搭设→标高控制→构件吊装→预制楼梯固定。预制楼梯吊装如图5.11所示 。

图5.11 预制楼板吊装

5.4　双面叠合剪力墙结构的施工

5.4.1　施工流程

双面叠合剪力墙结构的施工流程如图 5.12 所示。

图 5.12　双面叠合剪力墙结构的施工流程

5.4.2　叠合墙板的安装

叠合墙板按以下顺序进行安装:测量放线→检查调整墙体竖向预留钢筋→水平标高控制→墙板吊装就位→安装固定墙板支撑→水电管线连接→墙板拼缝连接→绑扎柱钢筋和附加钢筋→暗柱支模→叠合墙板底部及拼缝处理→检查验收。以下介绍几个重要步骤。

(1)测量放线

构件吊装前必须在基层或者相关构件上将各个截面的控制线弹射好,有利于提高吊装效率和控制质量,如图 5.13 所示。

(2)标高控制

对叠合楼板标高控制时,需先对基层进行杂物清理,再放专用垫块,并用水准仪对垫块标高进行调节,满足相对 5 cm 的高差要求,如图 5.14 所示。

图 5.13　测量放线　　　　　　　　　图 5.14　标高调整专用垫块

(3)墙板吊装就位

叠合墙板吊装采用两点起吊,吊钩采用弹簧防开钩,吊绳同水平墙夹角不宜小于 60°。叠合墙板下落过程应平稳,在叠合墙板未固定前,不可随意取下吊钩。墙板间缝隙应控制在 2 cm 内,墙板吊装就位如图 5.15 至图 5.18 所示。

图 5.15　吊钩固定　　　　　　　　　图 5.16　垂直起吊

（4）叠合墙板固定

墙体垂直度调整完毕后，在叠合墙板上高度 2/3 处用斜支撑通过连接对预制构件进行固定，斜撑底部与楼面用地脚螺栓锚固，其与楼面的水平墙夹角为 40°～50°。墙体用不少于两根斜支撑进行固定，如图 5.19、图 5.20 所示。

图 5.17　对准就位

图 5.18　调整水平线

图 5.19　调整垂直度

图 5.20　固定支撑

5.5　装配整体式框架结构的施工

5.5.1　施工流程

装配整体式框架结构预制构件一般包含：预制框架柱、叠合板、叠合梁等，预制构件之间在施工现场通过现浇混凝土连接，以保证结构的整体性，装配整体式框架结构的施工流程如图 5.21 所示。

图 5.21　装配整体式框架结构施工流程

5.5.2　框架柱的安装

框架柱安装流程如图 5.22 所示。

(1)测量放线

构件吊装前必须在基层将构件轮廓线弹好(图 5.23),检查预制框架柱底面钢筋位置、规格与数量、几何形状和尺寸是否与定位钢模板一致。测量预制框架柱标高控制件(预埋螺母)标高满足要求(留 2 cm 缝隙)。对预留插筋进行灰浆处理工作或在基层浇筑时用保鲜膜保护。

(2)预制框架柱吊装

构件吊装前必须整理吊具及施工用具,对吊具进行安全检查,保证吊装质量和吊装安全。预制框架柱采用一点慢速起吊,如图 5.24 所示。在预制框架柱起立的地面处用木方保护。预制框架柱吊装,采用单元吊装模式并沿着长轴线方向进行。

(3)预制框架柱固定

预制框架柱对位时,停在预留筋上 30～50 mm 处进行细部对位,使预制框架柱的套筒与预留钢筋互相吻合,并满足 2 cm 施工拼缝,调整垂直误差在 2 mm 内,最后采用三面斜支撑将其固定,并用两架经纬仪检查其垂直度。

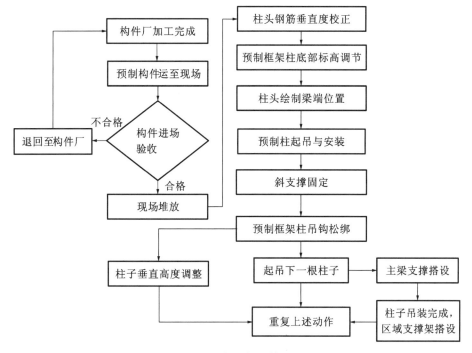

图 5.22　框架柱安装流程

图 5.23　测量放线

图 5.24　预制框架柱吊装

（4）预制框架柱灌浆

预制框架柱底部 2 cm 缝隙需进行密闭封仓。使用专用的封浆料，填抹 1.5～2 cm 深（确保不堵塞套筒孔），一段抹完后抽出内衬进行下一段填抹，如图 5.25 所示。

封仓后 24 h 或封浆料强度达到 30 MPa 后，使用专用灌浆料，严格按照灌浆料产品工艺说明进行灌浆料制备，环境温度高于 30 ℃时，对设备机具等润湿降温处理。注浆时按照浆料排出先后顺序，依次进行封堵灌、排浆孔，封堵时灌浆泵（枪）要一直保持压力，直至所有灌、排浆孔出浆并封堵牢固，然后停止灌浆。灌浆料要在自加水搅拌开始 20～30 mim 内灌完。

图 5.25　预制框架柱封仓

5.5.3　叠合梁、叠合楼板安装

叠合梁、叠合楼板按以下顺序进行安装:叠合板支撑体系安装→叠合主梁吊装→叠合主梁支撑体系安装→叠合次梁吊装→叠合次梁支撑体系安装→叠合楼板吊装→叠合梁、叠合楼板吊装铺设完毕后的检查→附加钢筋及楼板下层横向钢筋安装→水电管线敷设、连接→楼板上层钢筋安装→墙板上下层连接钢筋安装→预留洞口支模→预制楼板底部拼缝处理→检查验收,如图 5.26 至图 5.37 所示。

图 5.26　叠合主梁吊装

图 5.27　叠合主梁安装

图 5.28　叠合主梁支撑安装

图 5.29　叠合次梁安装

图 5.30　楼板支撑安装

图 5.31　叠合梁板吊装

图 5.32　叠合楼板吊装

图 5.33　叠合楼板固定就位

图 5.34 钢筋及管线铺设

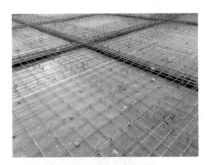

图 5.35 楼板上层钢筋安装

图 5.36 墙板上下层钢筋安装

图 5.37 预留洞口支模

5.6 装配式混凝土建筑铝模施工

众所周知,装配式混凝土建筑注重对环境、资源的保护,其施工过程中现浇节点与铝模的有效结合减少了建筑施工对传统木模板的依赖,降低了建筑施工对周边环境的各种影响,有利于提高建筑的劳动生产率,促进建筑设计的节点标准化,提升建筑的整体质量和节能环保,促进了我国建筑业健康可持续发展,符合国家经济发展的需求。

5.6.1 铝模组成及特点

图 5.38 铝模体系

铝模由面板系统、支撑系统、紧固系统和附件系统组成,如图 5.38 所示。面板系统采用挤压成型的铝合金型材加工而成,可取代传统的木模板,比木模表面观感质量及平整度更高,可重复利用,节省木材,符合绿色施工理念。配合高强的钢支撑和紧固系统及优质的五金插销等附件,具有轻质、高强、整体稳定性好的特点。其与钢模比重量更轻,材料可人工在上下楼层间传递,施工拆装便捷。因此铝模被广泛地应用于各类装配式混凝土结构的现浇节点模板工程中。

5.6.2　施工准备

装配式混凝土结构现浇节点钢筋绑扎完毕,各专项工程的预埋件已安装完毕,并通过了隐蔽工程验收;作业面各构件的位置控制线放线工作已完成,并完成复核;现浇节点底部标高要复核,对高出的部分及时凿除,并调整至设计标高;按装配图检查施工区域的铝模板及配件是否齐全,编号是否完整;墙柱模板的板面应清理干净,均匀涂刷水性模板隔离剂。

5.6.3　铝模的安装

铝模通常按照"先内墙,后外墙""先非标准板,后标准板"的原则进行安装作业,其安装流程如图 5.39 所示。

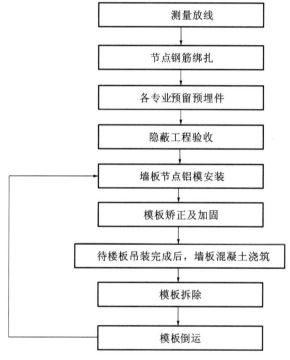

图 5.39　铝模安装流程

(1)墙板节点铝模安装

按编号将所需的模板找出,清理模板面板并刷水性模板隔离剂;在铝模与预制梁板重合处加止水条;复核墙底脚的混凝土标高后,将模板放置在相应位置;再用穿套管对拉,依次用销钉将墙模与踢脚板固定、将墙模与墙模固定,安装好的铝模如图 5.40 所示。

(2)模板校正及固定

模板安装完毕后,对所有的节点铝模板进行平整度与垂直度的校核。校核完成后在墙柱模板上加特制的双方钢背楞,并用高强螺栓固定。

(3)混凝土浇筑

模板校正固定后,检查各个接口缝隙情况。楼层混凝土浇筑时,安排专门的模板工在作业层下进行留守看模,以解决混凝土浇筑时出现的模板下沉、爆模等突发问题。装配式混凝土结构节点分两次浇筑。因铝模是金属模板,夏天高温时,混凝土浇筑前应在铝模上多浇水,防止因铝模温度过高造成水泥浆快速干化,拆模后表面起皮。

为避免混凝土表面出现麻面,应在混凝土配比方面进行优化以减少气泡的产生,另外在混凝土浇筑时应加强对作业面混凝土工人的施工监督,避免出现漏振、振捣时间短导致局部气泡未排尽的情况发生。

(4)模板拆除

混凝土的拆模时间要严格控制,并应保证拆模后墙体不掉角、不起皮,混凝土拆模时强度以相同条件试块强度为准。拆除时要先均匀撬松、再脱开;零件应集中堆放,防止散失,拆除的模板要及时清理干净和修整;拆除下来的模板必须按顺序平整地堆放好。模板拆除如图 5.41 所示。

图 5.40　节点铝模安装　　　　　　　图 5.41　模板拆除

5.7　案例分析

竖向分布钢筋不连接装配整体式混凝土剪力墙体系的应用

(1)体系应用概况

近日,由肖绪文院士联合中建八局工程研究院提出的一种装配式新结构体系——竖向分布钢筋不连接装配整体式混凝土剪力墙体系在济南文庄片区租赁住房试点项目 B-11 地块(图 5.42)实施应用。该体系取消了传统装配式剪力墙结构套筒灌浆连接的复杂工艺流程,提高了工程质量。

图 5.42　文庄片区租赁住房试点项目 B-11 地块

该体系预制墙体的竖向分布筋按构造要求配置并在楼层处断开连接,同时通过适当加大两端现浇边缘构件的长度和配筋量,来保证承载能力的实现;上下预制墙板在楼层处采用挤压坐浆连接,保证了剪力墙结构体系的整体性能;对于剪跨比低且抗剪要求高的墙体,可增设斜向钢筋,提高墙体延性、抗剪强度和耗能能力,如图 5.43 所示。

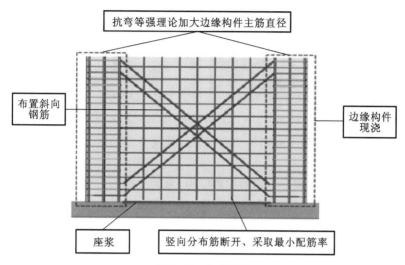

图 5.43　体系设计

①性能质量可靠

肖绪文院士的科研团队在经过系统的理论研究、现行规范研究和有限元分析后,提出了该体系的设计方法,并通过试验验证了结构的可靠性(图 5.44):同轴压比下预制试件抗震性能与现浇对比试件等同,个别指标如延性、耗能略好于现浇对比试件。

图 5.44　竖向分布钢筋不连接装配式混凝土剪力墙体系

②施工工艺简便

试点项目二标段南区共 6 个施工单体,均为装配式混凝土剪力墙结构,其中 3♯楼 1 层至 18 层预制剪力墙和 4♯、6♯楼 1 层至 16 层预制剪力墙均采用该技术。在应用实践中,该技术体系构件无套筒,准备工作只需复核标高和坐浆,无需考虑传统的定位插筋,工艺简便,且现场无需灌浆,在保证质量的同时,施工效率更高(图 5.45)。

③提高了施工效率

应用该技术体系后,吊装就位仅需控制标高和水平定位,相比传统的灌浆套筒连接体系的吊装速度时间缩短一半以上,模板使用率降低 50% 至 60%,每层减少灌浆套筒 200 余个。

图 5.45　装配式剪力墙的安装和支撑

由于剪力墙无需灌浆,每层施工时间可节省 1 d;且预制剪力墙底部不存在大量进出浆孔,可减少 50％构件验收时间。

此次竖向分布钢筋不连接剪力墙的成功应用,为后续推广应用打下了坚实基础。

(2)体系技术概况

①主要技术内容

目前装配式混凝土剪力墙结构竖向钢筋连接形式主要有套筒灌浆连接、浆锚连接与螺栓连接等,虽然这些连接形式纳入了相关规范,但是在建造实施过程中还存在如下一些问题:

A.连接数量多,连接配件材料成本高;

B.制作与施工精度要求高,安装就位困难,施工效率低;

C.灌浆连接质量难以保证。

为解决上述问题,研究团队提出了边缘构件现浇、中间预制墙板竖向分布钢筋不连接的装配整体式混凝土剪力墙结构体系,该新型体系研发历时三年,在设计理论和试验研究方面取得重大突破。

A.形成了该体系的设计计算方法;

B.完成了该体系 8 块以轴压比和剪跨比为参数的墙体足尺试验;

C.完成了 1/2 缩尺比例下的剪力墙结构体系振动台试验;

D.研发了"四位一体"高性能预制外墙集成技术。

该新型体系取得了丰富的研究成果,在上海市住房和城乡建设管理委员会科学技术委员会组织鉴定下其整体技术达到"国际先进水平"。相关研究成果已经纳入中国工程建设标准化协会规程——《竖向分布钢筋不连接装配整体式混凝土剪力墙结构技术规程》。

②主要技术指标

A.该新型体系抗震性能与现浇剪力墙体系等同,但延性、耗能方面均优于后者。

B.通过试验验证了设计计算方法合理,结构安全可靠。

C.9 度罕遇地震作用下,振动台试验模型底层边缘构件发生弯曲破坏,最大层间变形小于 1/120,满足抗震设计规范要求。

D.形成了"四位一体"高性能预制外墙产品,同等节能要求下其厚度可减少 2/3,可增加建筑使用面积 2％。

③综合效益分析

A.经济效益

a.与传统套筒灌浆连接形式的装配式混凝土剪力墙比较,结构投入成本降低约 10%。

b.传统的装配式混凝土剪力墙结构施工速度为 5～7 d/层,而采用竖向分布钢筋不连接装配整体式混凝土剪力墙施工速度可达 4～6 d/层,施工效率提高 15%。

c.综合效益较传统装配式混凝土剪力墙结构提高约 18%。

B.社会效益

相对国内现有的剪力墙外墙连接形式,竖向分布钢筋不连接装配整体式混凝土剪力墙结构体系的优势在于:通过抗弯等强的方式,适当增加边缘构件受力钢筋面积,在保证抗震性能不降低的前提下,取消了竖向分布钢筋的套筒灌浆、浆锚或螺栓等连接,降低了材料成本和生产、施工的精度和难度,提高施工效率,规避了这些连接存在的安全隐患,具有较大市场竞争力和应用前景。该体系的推出彻底规避了传统装配式混凝土剪力墙连接形式存在的弊端,对建筑工业和装配式混凝土建筑发展具有里程碑式的意义。

③适用范围

A.适用于 6 度至 8 度抗震设防烈度区的竖向分布钢筋不连接装配整体式混凝土剪力墙结构。

B.最大适用高度应满足表 5.5 的要求。

表 5.5   竖向分布钢筋不连接装配整体式混凝土剪力墙结构最大适用高度

设防烈度	6 度	7 度	8 度(0.2g)	8 度(0.3g)
最大适用高度/m	110(100)	90(80)	80(70)	50(40)

C.抗震等级按表 5.6 确定。

表 5.6   竖向分布钢筋不连接装配整体式混凝土剪力墙结构的抗震等级

设防烈度	6 度		7 度		8 度		
高度/m	≤70	>70	≤24	>24 且≤70	≤24	>24 且≤50	>50
抗震等级	四	三	四	三	三	二	一

D.轴压比不大于 0.5 的剪力墙。

E.底部加强部位采用预制剪力墙时,其边缘构件应适当采用加强措施。

 课后练习题

1.对临时斜撑系统的支设和拆除有哪些规定和要求?

2.简述预制混凝土剪力墙、框架柱等竖向受力构件的安装施工工艺顺序。

3.钢筋套筒灌浆连接的灌浆施工工艺有哪些要求?

4.简述装配整体式剪力墙结构的施工流程。

5.简述叠合墙板的安装顺序。

项目6　装配式混凝土建筑质量控制与验收

> 知识目标：掌握工程质量控制的概念；熟悉影响装配式混凝土建筑质量的因素；运用预制构件生产质量控制标准，评价工程质量是否达标。
>
> 技能目标：培养学生运用装配式混凝土建筑施工质量控制标准与验收知识解决实际问题能力；完成工程施工质量检验的基本操作（技能）；提高学生的分析、总结、归纳能力等。
>
> 素养目标：培养学生勇于质疑、勇于探究、勇于批判的科学精神；鼓励学生运用理性思维看待问题；培养学生勤于思考和理性反思的习惯。
>
> 思政元素：将"王有为：做一名技术质量的'执剑人'"的故事融入课堂，相信自己、敢于质疑、用事实说话；深刻领悟小问题可以酿成大事故的教训。
>
> 实现形式：运用案例教学法、理论与实践相结合的教学法、对比分析法、小组讨论法等进行课堂教学。

6.1　概　　述

6.1.1　工程质量控制的概念

建设工程质量简称工程质量，是指建设工程满足相关标准规定和合同约定要求的程度，包括其在安全、使用功能以及耐久性、节能与环境保护等方面所有明示和隐含的固有特性。建设工程质量控制是指在实现工程建设项目目标的过程中，为满足项目总体质量要求而采用的生产施工与监督管理等活动。质量控制不仅关系工程的成败、进度的快慢、投资的多少，而且直接关系国家财产和人民生命安全。因此，装配式混凝土建筑必须严格保证工程质量控制水平，确保工程质量安全。与传统的现浇混凝土结构工程相比，装配式混凝土建筑在质量控制方面具有以下特点：

①质量管理工作前置。由于装配式混凝土建筑的主要结构构件在工厂内加工制作，装配式混凝土建筑的质量管理工作从工程现场前置到了预制构件厂。建设单位、构件生产单位、监理单位应根据构件生产质量要求，在预制构件生产阶段即对预制构件生产质量进行控制。

②设计更加精细化。对于设计单位而言，为降低工程造价，预制构件的规格、型号需要尽可能的少；由于采用工厂预制、现场拼装以及水电管线等提前预埋，对施工图的精细化要求更高。因此，相对于传统的现浇混凝土结构，设计质量对装配式混凝土建筑的整体质量影

响更大。设计人员需要进行更精细的设计,才能保证生产和安装的准确性。

③工程质量更易于保证。由于采用精细化设计、工厂化生产和现场机械拼装,构件的观感、尺寸偏差都比现浇混凝土结构更易于控制,强度稳定,避免了现浇混凝土结构质量通病的出现。因此,装配式混凝土建筑的质量更易于控制和保证。

④信息化技术应用。随着互联网技术的不断发展,数字化管理已成为装配式混凝土建筑质量管理的一项重要手段,尤其是 BIM 技术的应用,使质量管理过程更加透明、细致、可溯(图 6.1)。

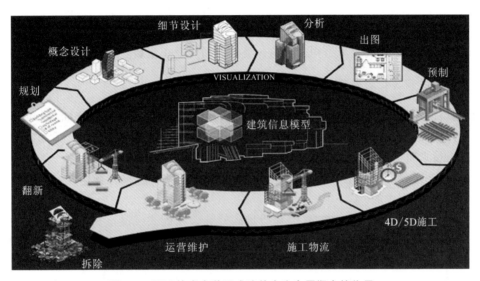

图 6.1　BIM 技术在装配式建筑全生命周期中的作用

6.1.2　装配式混凝土建筑工程质量控制依据

质量控制的主体包括建设单位、设计单位、项目管理单位、监理单位、构件生产单位、施工单位,以及其他材料的生产单位等。

质量控制方面的依据主要分为以下几类,不同的单位根据自己的管理职责和相应的管理依据进行质量控制。

(1)工程合同文件

建设单位与设计单位签订的设计合同,与施工单位签订的安装施工合同、与构件生产厂签订的构件采购合同都是装配式混凝土建筑工程质量控制的重要依据。

(2)工程勘察设计文件

工程勘察包括工程测量、工程地质和水文地质勘查等内容。工程勘察成果文件为工程项目选址、工程设计和施工提供科学可靠的依据。工程设计文件包括经过批准的设计图纸、技术说明、图纸会审、工程设计变更以及设计洽商、设计处理意见等。

(3)有关质量管理方面的法律法规、部门规章与规范性文件

①法律:《中华人民共和国建筑法》《中华人民共和国民法典》(第三编合同)、《中华人民共和国招标投标法》《中华人民共和国节约能源法》《中华人民共和国消防法》等。

②行政法规:《建设工程质量管理条例》《建设工程安全生产管理条例》《民用建筑节能条例》等。

③部门规章:《建筑工程施工许可管理办法》《实施工程建设强制性标准监督规定》等。

④规范性文件。

(4)质量标准与技术规范

近几年装配式混凝土建筑兴起,国家及地方针对装配式混凝土建筑制定了大量的标准。这些标准是装配式混凝土建筑质量控制的重要依据。我国质量标准分为国家标准、行业标准、地方标准和企业标准,国家标准的法律效力要高于行业标准、地方标准和企业标准。如我国《装配式混凝土建筑技术标准》(GB/T 51231—2016)为国家标准,《装配式混凝土结构技术规程》(JGJ 1—2014)为行业标准,当两个标准有不一致之处时,以《装配式混凝土建筑技术标准》(GB/T 51231—2016)为准。

此外,适用于现浇混凝土结构工程的各类标准同样适用于装配式混凝土建筑工程。

6.1.3 影响装配式混凝土建筑工程质量的因素

影响装配式混凝土建筑工程质量的因素很多,归纳起来主要有 5 个方面,即人员素质、工程材料、机械设备、作业方法和环境条件。

(1)人员素质

人是生产经营活动的主体,也是工程项目建设的决策者、管理者、操作者,工程建设的全过程都是由人来完成的。

人的素质将直接或间接决定着工程质量的好坏。装配式混凝土建筑由于机械化水平高、批量生产、安装精度高等特点,对人员的素质尤其是生产加工和现场施工人员的文化水平、技术水平及组织管理能力都有更高的要求。普通的农民工已不能满足装配式混凝土建筑的建设需要,因此,培养高素质的产业化工人是确保建筑产业现代化向前发展的必然。

(2)工程材料

工程材料是指构成工程实体的各类建筑材料、构配件、半成品等,是工程建设的物质条件,是工程质量的基础。

装配式混凝土建筑是由预制混凝土构件或部件通过各种可靠的方式连接,并与现场后浇混凝土形成整体的混凝土结构。因此,与传统的现浇混凝土结构相比,预制构件、灌浆料及连接套筒的质量是装配式混凝土建筑工程质量控制的关键。预制构件的混凝土强度、钢筋设置、规格尺寸是否符合设计要求,力学性能是否合格,运输保管是否得当,灌浆料和连接套筒的质量是否合格等都将直接影响工程的使用功能、结构安全、使用安全乃至外表观感等。

(3)机械设备

装配式混凝土建筑采用的机械设备可分为三类:第一类是指工厂内生产预制构件的工艺设备和各类机具,如各类模具、模台、布料机、蒸养室等,简称生产机具设备;第二类是指施工过程中使用的各类机具设备,包括大型垂直与横向运输设备、各类操作工具、各种施工安全设施,简称施工机具设备;第三类是指生产和施工中都会用到的各类测量仪器和计量器具等,简称测量设备。不论是生产机具设备、施工机具设备,还是测量设备都对装配式混凝土建筑的工程质量有着非常重要的影响(图 6.2)。

(4)作业方法

作业方法是指施工工艺、操作方法、施工方案等。在加工混凝土构件时,为了保证构件

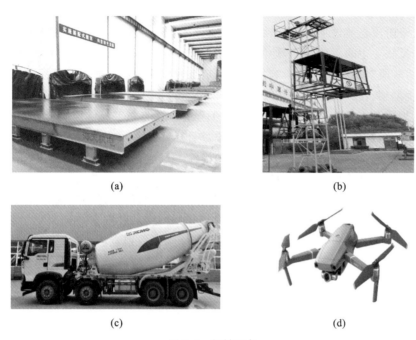

图 6.2　机械设备

(a)机电固定模台；(b)垂直运输升降机；(c)大型混凝土运输车；(d)无人机

的质量或受客观条件制约需要采用特定的加工工艺，不适合的加工工艺可能会造成构件质量缺陷、生产成本增加或工期拖延等；现场安装过程中，吊装顺序、吊装方法的选择都会直接影响安装的质量。装配式混凝土建筑的构件主要通过节点连接，因此，节点连接部位的施工工艺是装配式混凝土建筑的核心工艺，对结构安全起决定性影响作用。采用新技术、新工艺、新方法，不断提高工艺技术水平，是保证工程质量稳定提高的重要因素。

（5）环境条件

环境条件是指对工程质量特性起重要作用的环境因素，包括自然环境，如工程地质、水文、气象等；作业环境，如施工作业面大小、防护设施、通风照明和通信条件等；工程管理环境，主要是指工程实施的合同环境与管理关系的确定，组织体制及管理制度等；周边环境，如工程邻近的地下管线、建(构)筑物等。环境条件往往对工程质量产生特定的影响。

6.1.4　装配式混凝土建筑工程质量控制的阶段组成

从项目阶段性看，工程项目建设可以分解为不同的建设阶段，不同的建设阶段对工程项目质量的形成起有不同的作用和影响。

（1）项目可行性研究阶段

项目可行性研究是在项目建议书和项目策划的基础上，运用经济学原理对投资项目的有关技术、经济、社会、环境等方面进行调查研究，对各种可能的拟建方案和建成投产后的经济效益、社会效益和环境效益进行技术经济分析、预测和论证，确定项目建设的可行性，并在可行的情况下，通过多方案比较从中选择出最佳建设方案，作为项目决策和设计的依据。在此过程中，需要确定工程项目的质量要求，并与投资目标相协调。因此，项目的可行性研究直接影响项目的决策质量和设计质量。

（2）项目决策阶段

项目决策阶段是通过项目可行性研究和项目评估，对项目的建设方案作出决策，使项目的建设充分反映业主的意愿，并与地区环境相适应，使得投资、质量、进度三者协调统一。因此，项目决策阶段对工程质量的影响主要是确定工程项目应达到的质量目标和水平。

（3）工程勘察、设计阶段

工程的地质勘察是为建设场地的选择和工程的设计与施工提供地质资料依据。工程设计是根据建设项目总体需求（包括已确定的质量目标和水平）和地质勘察报告，对工程的外形和内在的实体进行筹划、研究、构思、设计和描绘，形成设计说明书和图纸等相关文件，使得质量目标和水平具体化，为施工提供直接依据。

工程设计质量是决定工程质量的关键环节。工程采用什么样的平面布置和空间形式，选用什么样的结构类型，使用什么样的材料、构配件及设备等，都直接关系到工程主体结构的安全、可靠，关系到建设投资的综合功能是否充分体现规划意图。设计的严密性、合理性也决定了工程建设的成败，是建设工程的安全、适用、经济与环境保护等措施得以实现的保证。在一定程度上，设计的完美性也反映了一个国家的科技水平和文化水平。

（4）预制构件生产阶段

装配式混凝土建筑是由预制混凝土构件通过可靠的连接方式装配而成的混凝土结构。因此，预制构件的生产质量直接关系到整体建筑结构的质量与使用安全。

（5）工程施工阶段

工程施工是指按照设计图纸和相关文件的要求，在建设场地上将设计意图付诸实现的测量、作业、检验，形成工程实体建成最终产品的活动。任何优秀的设计成果，只有通过施工才能变为现实。因此，工程施工活动决定了设计意图能否体现，直接关系到工程的安全可靠、使用功能的保证，以及外表观感能否体现建筑设计的艺术水平。在一定程度上，工程施工是形成实体质量的决定性环节。

（6）工程竣工验收阶段

工程竣工验收就是对工程施工质量通过检查评定、试车运转，考核施工质量是否达到设计要求，是否符合决策阶段确定的质量目标和水平，确保工程项目质量。所以，工程竣工验收对质量的影响是保证最终产品的质量。

建设工程的每个阶段都对工程质量的形成起着重要的作用。因此对装配式混凝土建筑必须进行全过程控制，要把质量控制落实到建设周期的每一个环节。但是，各阶段关于质量问题的重要程度和侧重点不同，应根据各阶段质量控制的特点和重点，确定各阶段质量控制的目标和任务。

6.2　预制构件生产阶段的质量控制与验收

6.2.1　生产制度管理

（1）设计交底与会审

预制构件生产前，应由建设单位组织设计、生产、施工单位进行设计文件交底和会审。当原设计文件深度不够，不足以指导生产时，需要生产单位或专业公司另行制作加工详图。

如加工详图与设计文件意图不同时,应经原设计单位认可。加工详图包括:预制构件模具图、配筋图;满足建筑、结构和机电设备等专业要求和构件制作、运输、安装等环节要求的预埋件布置图;面砖或石材的排版图,夹芯保温外墙板内外叶墙拉结件布置图和保温板排版图等。

(2)生产方案

预制构件生产前应编制生产方案。生产方案宜包括生产计划及生产工艺,模具方案及计划、技术质量控制措施,成品存放、运输和保护方案等。必要时,应对预制构件脱模、吊运、码放、翻转及运输等工况进行计算。预制构件和部品生产中采用新技术、新工艺、新材料、新设备时,生产单位应制订专门的生产方案,必要时进行样品试制,经检验合格后方可实施。

(3)首件验收制度

预制构件生产宜建立首件验收制度。首件验收制度是指结构较复杂的预制构件或新型构件首次生产或间隔较长时间重新生产时,生产单位需会同建设单位、设计单位、施工单位、监理单位共同进行首件验收,重点检查模具、构件、预埋件、混凝土浇筑成型中存在的问题,确认该批预制构件生产工艺是否合理,质量能否得到保障,共同验收合格之后方可批量生产。

(4)原材料检验

预制构件的原材料质量如钢筋加工和连接的力学性能,混凝土强度,构件结构性能,装饰材料、保温材料及拉结件的质量等均应根据国家现行有关标准进行检查和检验,并应具有生产操作规程和质量检验记录。

(5)构件检验

预制构件生产的质量检验应按模具、钢筋、混凝土、预应力、预制构件等检验进行。预制构件的质量评定应根据钢筋、混凝土、预应力、预制构件的试验、检验资料等项目进行。当上述各检验项目的质量均合格时,方可评定产品合格。检验时对新制或改制后的模具应按件检验,对重复使用的定型模具、钢筋半成品和成品应分批随机抽样检验,对混凝土性能应按批检验。模具、钢筋、混凝土、预制构件制作、预应力施工等质量,均应在生产班组自检、互检和交接检的基础上,由专职检验员进行检验。

(6)构件表面标识

预制构件和部品经检查合格后,宜设置表面标识。预制构件的表面标识宜包括构件编号、制作日期、合格状态、生产单位等信息。

(7)质量证明文件

预制构件和部品出厂时,应出具质量证明文件。目前,有些地方的预制构件生产实行了监理驻厂监造制度,应根据各地方技术发展水平细化预制构件生产全过程监测制度,驻厂监理应在出厂质量证明文件上签字。

6.2.2　预制构件生产质量控制

生产过程的质量控制是预制构件质量控制的关键环节,需要做好生产过程各个工序的质量控制、隐蔽工程验收、质量评定和质量缺陷的处理等工作。预制构件生产企业应配备满足工作需求的质量员,质量员应具备相应的工作能力并经水平检测合格。

在预制构件生产之前,应对各工序进行技术交底,上道工序未经检查验收合格,不得进行下道工序。混凝土浇筑前,应对模具组装、钢筋及网片安装、预留及预埋件布置等内容进行检查验收。工序检查由各工序班组自行检查,检查数量为全数检查,应做好相应的检查记录。

(1)模具组装的质量检查

预制构件生产应根据生产工艺、产品类型等制订模具方案,应建立健全模具验收、使用制度。模具应具有足够的强度、刚度和整体稳固性,并应符合下列规定:

①模具应装拆方便,并应满足预制构件质量、生产工艺和周转次数等要求。

②结构造型复杂、外形有特殊要求的模具应制作样板,经检验合格后方可批量制作。

③模具各部件之间应连接牢固,接缝应紧密,附带的预埋件或工装应定位准确、安装牢固。

④用作底模的台座、胎模、地坪及铺设的底板等应平整光洁,不得有下沉、裂缝、起砂和起鼓。

⑤模具应保持清洁,涂刷脱模剂、表面缓凝剂时应均匀、无漏刷、无堆积,且不得沾污钢筋,不得影响预制构件外观效果。

⑥应定期检查侧模、预埋件和预留孔洞定位措施的有效性;应采取防止模具变形和锈蚀的措施;重新启用的模具应检验合格后方可使用。

⑦模具与平模台间的螺栓、定位销、磁盒等固定方式应可靠,防止混凝土振捣成型时造成模具偏移和漏浆。

模具组装前,首先需根据构件制作图核对模板的尺寸是否满足设计要求,然后对模板几何尺寸进行检查,包括模板与混凝土接触面的平整度、板面弯曲、拼装接缝等,再次对模具的观感进行检查,接触面不应有划痕、锈渍和氧化层脱落等现象。预制构件模具尺寸允许偏差和检验方法应符合表 6.1 的规定。

表 6.1 预制构件模具尺寸允许偏差及检验方法

项次	检验项目、内容		允许偏差/mm	检验方法
1	长度	≤6 m	1,−2	用尺测量平行构件高度方向,取其中偏差绝对值较大处
		>6 m 且≤12 m	2,−4	
		>12 m	3,−5	
2	宽度、高(厚)度	墙板	1,−2	用尺测量两端或中部,取其中偏差绝对值较大处
3		其他构件	2,−4	
4	底模表面平整度		2	用 2m 靠尺和塞尺测量
5	对角线差		3	用尺测量对角线
6	侧向弯曲		L/1500 且≤5	拉线,用钢尺测量侧向弯曲最大处
7	翘曲		L/1500	对角拉线测量交点间距离值的 2 倍
8	组装缝隙		1	用塞片或塞尺测量,取最大值
8	端模与侧模高低差		1	用钢尺测量

注:L 为模具与混凝土接触面中最长边的尺寸。

　　构件上的预埋件和预留孔洞宜通过模具进行定位,并安装牢固,其安装允许偏差应符合表 6.2 的规定。

表 6.2　模具上预埋件、预留孔洞安装允许偏差

项次	检验项目		允许偏差/mm	检验方法
1	预埋钢管,建筑幕墙用槽式预埋组件	中心线位置	3	用尺测量纵、横两个方向的中心线位置,取其中较大值
		平面高差	±2	钢直尺和塞尺检查
2	预埋管、电线盒、电线管水平和垂直方向的中心线位置偏移、预留孔、浆锚搭接预留孔(或波纹管)		2	用尺测量纵、横两个方向的中心线位置,取其中较大值
3	插筋	中心线位置	3	用尺测量纵、横两个方向的中心线位置,取其中较大值
		外露长度	+10,0	用尺测量
4	吊环	中心线位置	3	用尺测量纵、横两个方向的中心线位置,取其中较大值
		外露长度	0,−5	用尺测量
5	预埋螺栓	中心线位置	2	用尺测量纵、横两个方向的中心线位置,取其中较大值
		外露长度	+5,0	用尺测量
6	预埋螺母	中心线位置	2	用尺测量纵、横两个方向的中心线位置,取其中较大值
		平面高差	±1	钢直尺和塞尺检查
7	预留洞	中心线位置	3	用尺测量纵、横两个方向的中心线位置,取其中较大值
		尺寸	+3,0	用尺测量纵、横两个方向的尺寸,取其中较大值
8	灌浆套筒及连接钢筋	灌浆套筒中心线位置	1	用尺测量纵、横两个方向的中心线位置,取其中较大值
		连接钢筋中心线位置	1	用尺测量纵、横两个方向的中心线位置,取其中较大值
		连接钢筋外露长度	+5,0	用尺测量

　　预制构件中预埋门窗框时,应在模具上设置限位装置进行固定,并应逐件检验。门窗框安装允许偏差和检验方法应符合表 6.3 的规定。

表 6.3　门窗框安装允许偏差和检验方法

项目		允许偏差/mm	检验方法
锚固脚片	中心线位置	5	钢尺检查
	外露长度	+5,0	钢尺检查
	门窗框位置	2	钢尺检查
	门窗框高、宽	±2	钢尺检查
	门窗框对角线长度	±2	钢尺检查
	门窗框的平整度	2	钢尺检查

（2）钢筋成品、钢筋桁架的质量检查

钢筋宜采用自动化机械设备加工。使用自动化机械设备进行钢筋加工与制作，可减少钢筋损耗且有利于质量控制，有条件时应尽量采用。

钢筋连接除应符合现行国家标准《混凝土结构工程施工规范》（GB 50666—2011）的有关规定外，应符合下列规定：

①钢筋接头的方式、位置，同一截面受力钢筋的接头百分率，钢筋的搭接长度及锚固长度等应符合设计要求或国家现行有关标准的规定。

②钢筋焊接接头、机械连接接头和套筒灌浆连接接头均应进行工艺检验，试验结果合格后方可进行预制构件生产。

③螺纹接头和半灌浆套筒连接接头应使用专用扭力扳手拧紧至规定扭力值。

④钢筋焊接接头和机械连接接头应全数检查外观质量。

⑤钢筋焊接接头、机械连接接头、套筒灌浆连接接头力学性能应符合现行相关标准的规定。

钢筋半成品、钢筋网片、钢筋骨架和钢筋桁架应检查合格后方可进行安装，并应符合下列规定：

①钢筋表面不得有油污，不应严重锈蚀。

②钢筋网片和钢筋骨架宜采用专用吊架进行吊运。

③混凝土保护层厚度应满足设计要求。保护层垫块宜与钢筋骨架或网片绑扎牢固，按梅花状布置，间距满足钢筋限位及控制变形要求，钢筋绑扎丝甩扣应弯向构件内侧。钢筋成品的尺寸允许偏差应符合表 6.4 的规定，钢筋桁架的尺寸允许偏差应符合表 6.5 的规定。预埋件加工尺寸允许偏差应符合表 6.6 的规定。

表 6.4　钢筋成品的尺寸允许偏差和检验方法

项次	项目		允许偏差/mm	检验方法
1	钢筋网片	长、宽	±5	钢尺检查
		网眼尺寸	±10	钢尺量连续三档取最大值
		对角线长度	5	钢尺检查
		端头不齐	5	钢尺检查

项次	项目		允许偏差/mm	检验方法
2	钢筋骨架	长	0，−5	钢尺检查
		宽	±5	钢尺检查
		高（厚）	±5	钢尺检查
		主筋间距	±10	钢尺量两端、中间各一点，取大值
		主筋排距	±5	钢尺量两端、中间各一点，取大值
		箍筋间距	±10	钢尺量连续三档取最大值
		弯起点位置	15	钢尺检查
		端头不齐	5	钢尺检查
3	钢筋骨架	保护层 柱、梁	±5	钢尺检查
		保护层 板、墙	±3	钢尺检查

表 6.5　钢筋桁架尺寸允许偏差

项次	检验项目	允许偏差/mm
1	长度	总长度的±0.3％，且不超过±10
2	高度	+1，−3
3	宽度	±5
4	扭翘	≤5

表 6.6　预埋件加工尺寸允许偏差

项次	检验项目		允许偏差/mm	检测方法
1	预埋件锚板的边长		0，−5	用钢尺测量
2	预埋件锚板的平整度		1	用直尺和塞尺测量
3	锚筋	长度	10，−5	用钢尺测量
		间距偏差	±10	用钢尺测量

（3）隐蔽工程验收

在混凝土浇筑之前，应对每块预制构件进行隐蔽工程验收，确保其符合设计要求和规范规定。企业的质检员和质量负责人负责隐蔽工程验收，验收内容包括原材料抽样检验和钢筋、模具、预埋件、保温板及外装饰面等工序安装质量的检验。原材料的抽样检验按照前述要求进行，钢筋、模具、预埋件、保温板及外装饰面等各安装工序的质量检验按照前述要求进行。

隐蔽工程验收的范围为全数检查，验收完成应形成相应的隐蔽工程验收记录，并保留存档。

6.2.3　预制构件质量验收

预制构件脱模后，应对其外观质量和尺寸进行检查验收。外观质量不宜有一般缺陷，不应有严重缺陷。对于已经出现的一般缺陷,应进行修补处理,并重新检查验收;对于已经出现的严重缺陷,修补方案应经设计、监理单位认可之后进行修补处理,并重新检查验收。预制构件叠合面的粗糙度和凹凸深度应符合设计及规范要求。外观质量、尺寸偏差的验收要求及检验方法见表6.7至表6.11。

表 6.7 构件外观质量缺陷分类

名称	现象	严重缺陷	一般缺陷
露筋	构件内钢筋未被混凝土包裹而外露	纵向受力钢筋有露筋	其他钢筋有少量露筋
蜂窝	混凝土表面缺少水泥砂浆而形成石子外露	构件主要受力部位有蜂窝	其他部位有少量蜂窝
孔洞	混凝土中孔穴深度和长度均超过保护层厚度	构件主要受力部位有孔洞	其他部位有少量孔洞
夹渣	混凝土中夹有杂物且深度超过保护层厚度	构件主要受力部位有夹渣	其他部位有少量夹渣
疏松	混凝土局部不密实	构件主要受力部位有疏松	其他部位有少量疏松
裂缝	缝隙从混凝土表面延伸至混凝土内部	构件主要受力部位有影响结构性能或使用功能的裂缝	其他部位有少量不影响结构性能或使用功能的裂缝
连接部位缺陷	构件连接处混凝土缺陷及连接钢筋、连接件松动,插筋严重锈蚀、弯曲,灌浆套筒堵塞、偏位,灌浆孔洞堵塞、偏位、破损等缺陷	连接部位有影响结构传力性能的缺陷	连接部位有基本不影响结构传力性能的缺陷
外形缺陷	缺棱掉角、棱角不直、翘曲不平、飞出凸肋等,装饰面砖黏结不牢、表面不平、砖缝不顺直	清水或具有装饰的混凝土构件内有影响使用功能或装饰效果的外形缺陷	其他混凝土构件有不影响使用功能的外形缺陷
外表缺陷	构件表面麻面、掉皮、起砂、沾污等	具有重要装饰效果的清水混凝土构件有外表缺陷	其他混凝土构件有不影响使用功能的外表缺陷

表 6.8 预制楼板类构件外形尺寸允许偏差及检验方法

项次	检查项目		允许偏差/mm	检查方法
1	规格尺寸	长度 <12 m	±5	用尺测量两端及中间部,取其中偏差绝对值较大值
		长度 ≥12 m 且<18 m	±10	
		长度 ≥18 m	±20	
2		宽度	±5	用尺测量两端及中间部,取其中偏差绝对值较大值
3		厚度	±5	用尺测量四角和四角中部位置共8处,取其中偏差绝对值较大值

项次	检查项目			允许偏差/mm	检查方法
4	对角线差			6	在构件表面,用尺测量两对角线的长度,取绝对值的差值
5	外形	表面平整度	内表面	4	用 2 m 靠尺安放在构件表面上,用楔形塞尺测量靠尺与表面之间的最大缝隙
			外表面	3	
6		楼板侧向弯曲		$L/750 \leqslant 20$ mm	拉线,用钢尺测量最大弯曲处
7		扭翘		$L/750$	四对角拉两条线,测量两线交点之间距离,其值的 2 倍为扭翘值
8	预埋部件	预埋钢板	中心线位置偏移	5	用尺测量纵、横两个方向的中心线位置,取其中较大值
			平面高差	0,−5	用尺紧靠在预埋件上,用楔形塞尺测量预埋件平面与混凝土面的最大缝隙
9		预埋螺栓	中心线位置偏移	2	用尺测量纵、横两个方向的中心线位置,取其中较大值
			外露长度	10,−5	用尺测量
10		预埋线盒、电盒	在构件平面的水平方向中心位置偏差	10	用尺测量
			与构件表面混凝土偏差	0,−5	用尺测量
11	预留孔		中心线位置偏移	5	用尺测量纵、横两个方向的中心线位置,取其中较大值
			孔尺寸	±5	用尺测量纵、横两个方向尺寸,取其中较大值
12	预留洞		中心线位置偏移	5	用尺测量纵、横两个方向的中心线位置,取其中较大值
			洞口尺寸、深度	±5	用尺测量纵、横两个方向尺寸,取其中较大值
13	预留插筋		中心线位置偏移	3	用尺测量纵、横两个方向的中心线位置,取其中较大值
			外露长度	±5	用尺测量
14	吊环、木砖		中心线位置偏移	−10	用尺测量纵、横两个方向的中心线位置,取其中较大值
			留出高度	0,10	用尺测量
15	桁架钢筋高度			+5,0	用尺测量

表 6.9　预制墙板类构件外形尺寸允许偏差及检验方法

项次	检查项目			允许偏差/mm	检验方法
1	规格尺寸		高度	±4	用尺测量两端及中间部,取其中偏差绝对值较大值
2			宽度	±4	用尺测量两端及中间部,取其中偏差绝对值较大值
3			厚度	±3	用尺测量四角和四边中部位置共8处,取其中偏差绝对值较大值
4	对角线差			5	在构件表面,用尺测量两对角线的长度,取其绝对值的差值
5	外形	表面平整度	内表面	4	用2 m靠尺安放在构件表面上,用楔形塞尺测量靠尺与表面之间的最大缝隙
			外表面	3	
6		侧向弯曲		$L/1000$ 且≤20 mm	拉线,钢尺测量最大弯曲处
7		扭翘		$L/1000$	四对角拉两条线,测量两线交点之间距离,其值的2倍为扭翘值
8	预埋部件	预埋钢板	中心线位置偏移	5	用尺测量纵、横两个方向的中心线位置,取其中较大值
			平面高差	0,−5	用尺紧靠在预埋件上,用楔形塞尺测量预埋件平面与混凝土面的最大缝隙
9		预埋螺栓	中心线位置偏移	2	用尺测量纵、横两个方向的中心线位置,取其中较大值
			外露长度	10,−5	用尺测量
10		预埋套筒、螺母	中心线位置偏移	2	用尺测量纵、横两个方向的中心线位置,取其中较大值
			平面高差	0,−5	用尺紧靠在预埋件上,用楔形塞尺测量预埋件平面与混凝土面的最大缝隙
11	预留孔		中心线位置偏移	5	用尺测量纵、横两个方向的中心线位置,取其中较大值
			孔尺寸	±5	用尺测量纵、横两个方向尺寸,取其中较大值
12	预留洞		中心线位置偏移	5	用尺测量纵、横两个方向的中心线位置,取其中较大值
			洞口尺寸、深度	±5	用尺测量纵、横两个方向尺寸,取其中较大值
13	预留插筋		中心线位置偏移	3	用尺测量纵、横两个方向的中心线位置,取其中较大值
			外露长度	±5	用尺测量

项次	检查项目		允许偏差/mm	检验方法
14	吊环、木砖	中心线位置偏移	10	用尺测量纵、横两个方向的中心线位置,取其中较大值
		留出高度	0,−10	用尺测量
15	键槽	中心线位置偏移	5	用尺测量纵、横两个方向的中心线位置,取其中较大值
		长度、宽度	±5	用尺测量
		深度	±5	用尺测量
16	灌浆套筒及连接钢筋	灌浆套筒中心线位置	2	用尺测量纵、横两个方向的中心线位置,取其中较大值
		连接钢筋中心线位置	2	用尺测量纵、横两个方向的中心线位置,取其中较大值
		连接钢筋外露长度	+10,0	用尺测量

表 6.10　预制梁柱架类构件外形尺寸允许偏差及检验方法

项次	检查项目			允许偏差/mm	检查方法
1	规格尺寸	长度	<12 m	±5	用尺测量两端及中间部,取其中偏差绝对值较大值
			≥12 m 且<18 m	±10	
			≥18 m	±20	
2		宽度		±5	用尺测量两端及中间部,取其中偏差绝对值较大值
3		厚度		±5	用尺测量四角和四边中部位置共 8 处,取其中偏差绝对值较大值
4	对角线差			6	在构件表面,用尺测量两个对角线的长度,取其绝对值的差值
5	侧向弯曲	梁柱		$L/750$ 且≤20 mm	拉线,用钢尺测量最大弯曲处
		桁架		$L/1000$ 且≤20 mm	
6	预埋部件	预埋钢板	中心线位置偏移	5	用尺测量纵、横两个方向的中心线位置,取其中较大值
			平面高差	0,−5	用尺紧靠在预埋件上,用楔形塞尺测量预埋件平面与混凝土面的最大缝隙
7		预埋螺栓	中心线位置偏移	2	用尺测量纵、横两个方向的中心线位置,取其中较大值
			外露长度	10,−5	用尺测量

续表 6.10

项次	检查项目		允许偏差/mm	检验方法
8	预留孔	中心线位置偏移	5	用尺测量纵、横两个方向的中心线位置,取其中较大值
		孔尺寸	±5	用尺测量纵、横两个方向尺寸,取其较大值
9	预留洞	中心线位置偏移	5	用尺测量纵、横两个方向的中心线位置,取其中较大值
		洞口尺寸、深度	±5	用尺测量纵、横两个方向尺寸,取其较大值
10	预留插筋	中心线位置偏移	3	用尺测量纵、横两个方向的中心线位置,取其中较大值
		外露长度	±5	用尺测量
11	吊环	中心线位置偏移	10	用尺测量纵、横两个方向的中心线位置,取其中较大值
		留出高度	0,−10	用尺测量
12	键槽	中心线位置偏移	5	用尺测量纵、横两个方向的中心线位置,取其中较大值
		长度、宽度	±5	用尺测量
		深度	±5	用尺测量
13	灌浆套筒及连接钢筋	灌浆套筒中心线位置	2	用尺测量纵、横两个方向的中心线位置,取其中较大值
		连接钢筋中心线位置	2	用尺测量纵、横两个方向的中心线位置,取其中较大值
		连接钢筋外露长度	10,0	用尺测量

表 6.11 装饰构件外观尺寸允许偏差及检验方法

项次	装饰种类	检查项目	允许偏差/mm	检验方法
1	通用面砖、石材	表面平整度	2	用 2 m 靠尺或塞尺检查
2		阳角方正	2	用托线板检查
3		上口平直	2	拉通线用钢尺检查
4		接缝平直	3	用钢尺或塞尺检查
5		接缝深度	±5	用钢尺或塞尺检查
6		接缝宽度	±2	用钢尺检查

6.2.4 预制构件成品的出厂质量检验

预制构件成品出厂质量检验是预制构件质量控制过程中最后的环节,也是关键环节。

预制构件出厂前应对其成品质量进行检查验收,合格后方可出厂。

(1)预制构件资料

预制构件的资料应与产品生产同步形成、收集和整理,归档资料宜包括以下内容:

①预制构件加工合同;

②预制构件加工图纸、设计文件、设计洽商、变更或交底文件;

③生产方案和质量计划等文件;

④原材料质量证明文件、复试试验记录和试验报告;

⑤混凝土试配资料;

⑥混凝土配合比通知单;

⑦混凝土开盘鉴定;

⑧混凝土强度报告;

⑨钢筋检验资料、钢筋接头的试验报告;

⑩模具检验资料;

⑪预应力施工记录;

⑫混凝土浇筑记录;

⑬混凝土养护记录;

⑭构件检验记录;

⑮构件性能检测报告;

⑯构件出厂合格证;

⑰质量事故分析和处理资料;

⑱其他与预制构件生产和质量有关的重要文件资料。

(2)质量证明文件

预制构件交付的产品质量证明文件应包括以下内容:

①出厂合格证;

②混凝土强度检验报告;

③钢筋套筒等其他构件钢筋连接类型的工艺检验报告;

④合同要求的其他质量证明文件。

6.3　装配式混凝土建筑施工质量控制与验收

6.3.1　施工制度管理

(1)工装系统

装配式混凝土建筑施工宜采用工具化、标准化的工装系统。工装系统是指装配式混凝土建筑吊装、安装过程中所用的工具化、标准化吊具、支撑架体等产品,包括标准化堆放架、模数化通用吊梁、框式吊梁、起吊装置、吊钩吊具、预制墙板斜支撑、叠合板独立支撑、支撑体系、模架体系、外围护体系、系列操作工具等产品。工装系统的定型产品及施工操作均应符合国家现行有关标准及产品应用技术手册的有关规定,在使用前应进行必要的施工验算。

（2）信息化模拟

装配式混凝土建筑施工宜采用建筑信息模型技术对施工全过程及关键工艺进行信息化模拟。施工安装宜采用 BIM 组织施工方案,用 BIM 模型（图 6.3）指导和模拟施工,制订合理的施工工序并精确算量,从而提高施工管理水平和施工效率,减少浪费。

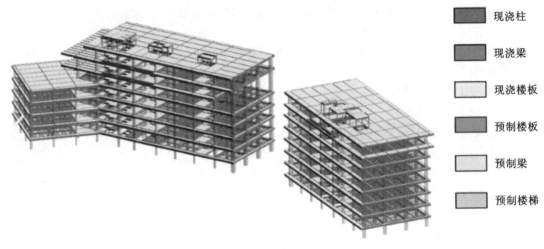

现浇柱

现浇梁

现浇楼板

预制楼板

预制梁

预制楼梯

图 6.3　南京某科研办公楼项目 BIM 模型

（3）预制构件试安装

装配式混凝土建筑施工前,宜选择有代表性的单元进行预制构件试安装,并应根据试安装结果及时调整施工工艺、完善施工方案。为避免由于设计或施工缺乏经验造成工程实施障碍或损失,保证装配式混凝土结构施工质量,并不断摸索和积累经验,特提出应通过试生产和试安装进行验证性试验。装配式混凝土结构施工前的试安装,对于没有经验的承包商非常必要,不但可以验证设计和施工方案存在的缺陷,还可以培训人员、调试设备、完善方案。对于没有实践经验的新的结构体系,应在施工前进行典型单元的安装试验,验证并完善方案实施的可行性,这对于体系的定型和推广使用,是十分重要的。

（4）"四新"推广要求

装配式混凝土建筑施工中采用的新技术、新工艺、新材料、新设备,应按有关规定进行评审、备案。施工前,应对新的或首次采用的施工工艺进行评价,并应制订专门的施工方案。施工方案经监理单位审核批准后实施。

（5）安全措施的落实

装配式混凝土建筑施工过程中应采取安全措施,并应符合国家现行有关标准的规定。装配式混凝土建筑施工中,应建立健全安全管理保障体系和管理制度,对危险性较大分部分项工程应经专家论证通过后进行施工。应结合装配施工特点,针对构件吊装、安装施工安全要求,制订系列安全专项方案。

（6）人员培训

施工单位应根据装配式混凝土建筑工程特点配置组织机构和人员。施工作业人员应具备岗位需要的基础知识和技能。施工企业应对管理人员及作业人员进行专项培训,严禁未培训上岗及培训不合格者上岗;要建立完善的内部教育和考核制度,通过定期考核和劳动竞赛等形式提高职工素质。对于长期从事装配式混凝土建筑施工的企业,应逐步建立专业化的施工队伍。

(7)施工组织设计

装配式混凝土建筑应结合设计、生产、装配一体化的原则进行整体策划,协同建筑、结构、机电、装饰装修等专业要求,制订施工组织设计。施工组织设计应体现管理组织方式配合装配工法的特点,以发挥装配技术优势为原则。

(8)专项施工方案

装配式混凝土结构施工应制订专项方案。装配式混凝土结构施工方案应全面、系统,且应结合装配式建筑特点和一体化建造的具体要求,满足资源节省、人工减少、质量提高、工期缩短的原则。

专项施工方案宜包括以下内容:

①工程概况:应包括工程名称、地址,建筑规模和施工范围,建设单位、设计单位、施工单位、监理单位信息,质量和安全目标。

②编制依据:指导安装所必需的施工图(包括构件拆分图和构件布置图)和相关的国家标准、行业标准、部颁标准,省和地方标准及强制性条文与企业标准。

③工程设计结构及建筑特点:包括结构安全等级、抗震等级、地质水文、地基与基础结构以及消防、保温等要求。同时,要重点说明装配式混凝土结构的体系形式和工艺特点,对工程难点和关键部位要有清晰的预判。

④工程环境特征:场地供水、供电、排水情况;详细说明与装配式混凝土结构紧密相关的气候条件;雨、雪、风特点;对构件运输影响大的道路桥梁情况。

⑤进度计划:进度计划应协同构件生产计划和运输计划等。

⑥施工场地布置:包括场内循环通道、吊装设备布设、构件码放场地等。

⑦预制构件运输与存放:预制构件运输方案包括车辆型号及数量、运输路线、发货安排、现场装卸方法等。

⑧安装与连接施工:包括测量方法、吊装顺序和方法、构件安装方法、节点施工方法、防水施工方法、后浇混凝土施工方法、全过程的成品保护及修补措施等。

⑨绿色施工。

⑩安全管理:包括吊装安全措施、专项施工安全措施等。

⑪质量管理:包括构件安装的专项施工质量管理,渗漏、裂缝等质量缺陷防治措施。

⑫信息化管理。

⑬应急预案。

(9)图纸会审

图纸会审是指工程各参建单位(建设单位、监理单位、施工单位、各种设备厂家)在收到设计院施工图设计文件后,对图纸进行全面细致的熟悉,审查出施工图中存在的问题及不合理情况并提交设计院进行处理的一项重要活动,对于装配式混凝土建筑的图纸会审应重点关注以下几个方面:

①装配式混凝土结构体系的选择和创新应该得到专家论证,深化设计图应该符合专家论证的结论。

②对于装配式混凝土结构与常规结构的转换层,其固定墙部分需与预制墙板灌浆套筒对接的预埋钢筋的长度和位置。

③墙板间边缘构件竖缝主筋的连接和箍筋的封闭,后浇混凝土部位粗糙面和键槽。

④预制墙板之间上部叠合梁对接节点部位的钢筋(包括锚固板)搭接是否存在矛盾。

⑤外挂墙板的外挂节点做法、板缝防水和封闭做法。

⑥水、电线管盒的预埋、预留,预制墙板内预埋管线与现浇楼板的预埋管线的衔接。

(10)技术、安全交底

技术交底的内容包括图纸交底、施工组织设计交底、设计变更交底、分项工程技术交底。技术交底采用三级制,即项目技术负责人→施工员→班组长。项目技术负责人向施工员进行交底,要求细致、齐全,并应结合具体操作部位、关键部位的质量要求、操作要点及安全注意事项等进行交底。

施工员接受交底后,应反复、细致地向操作班组长进行交底,除口头和文字交底外,必要时应进行图表、样板、示范操作等方法的交底。班组长在接受交底后,应组织工人进行认真讨论,保证其明确施工意图。

对于现场施工人员要坚持每日班前会制度,与此同时进行安全教育和安全交底,做到安全教育天天讲,安全意识时刻保持。

(11)测量放线

安装施工前,应进行测量放线、设置构件安装定位标识。根据安装连接的精细化要求,控制合理误差。安装定位标识方案应按照一定顺序进行编制,标识点应清晰明确,定位顺序应便于查询。

(12)吊装设备复核

安装施工前,应复核吊装设备的吊装能力,检查复核吊装设备及吊具处于安全操作状态,并核实现场环境、天气、道路状况等满足吊装施工要求。

(13)核对已完成结构和预制构件

安装施工前,应核对已施工完成结构、基础的外观质量和尺寸偏差,确认混凝土强度和预留预埋符合设计要求,并应核对预制构件的混凝土强度及预制构件和配件的型号、规格、数量等符合设计要求。

6.3.2 预制构件的进场验收

(1)验收程序

预制构件运至现场后,施工单位应组织构件生产企业、监理单位对预制构件的质量进行验收,验收内容包括质量证明文件验收和构件外观质量、结构性能检验等。未经进场验收或进场验收不合格的预制构件,严禁使用。施工单位应对构件进行全数验收,监理单位对构件质量进行抽检,发现存在影响结构质量或吊装安全的缺陷时,不得验收通过。

(2)验收内容

①质量证明文件

预制构件进场时,施工单位应要求构件生产企业提供构件的产品合格证、说明书,试验报告、隐蔽工程验收记录等质量证明文件。对质量证明文件的有效性进行检查,并根据质量证明文件核对构件。

②观感验收

在质量证明文件齐全、有效的情况下,对构件的外观质量、外形尺寸等进行验收。观感质量可通过观察和简单的测试确定,工程的观感质量应由验收人员通过现场检查并应共同确认,对影响观感及使用功能或质量评价为差的项目应进行返修。观感验收也应符合相应的标准。观感验收主要检查以下内容:

A. 预制构件粗糙面质量和键槽数量是否符合设计要求。

B. 预制构件吊装预留吊环、预留焊接埋件应安装牢固、无松动。

C. 预制构件的外观质量不应有严重缺陷,对已经出现的严重缺陷,应按技术处理方案进行处理,并重新检查验收。

D. 预制构件的预埋件、插筋及预留孔洞等规格、位置和数量应符合设计要求。对存在的影响安装及施工功能的缺陷,应按技术处理方案进行处理,并重新检查验收。

E. 预制构件的尺寸应符合设计要求,且不应有影响结构性能和安装、使用功能的尺寸偏差。对超过尺寸允许偏差且影响结构性能和安装、使用功能的部位,应按技术处理方案进行处理,并重新检查验收。

F. 构件明显部位是否贴有标识构件型号、生产日期和质量验收合格的标志。

③结构性能检验

在必要的情况下,应按要求对构件进行结构性能检验,具体要求如下:

A. 梁板类简支受弯预制构件进场时应进行结构性能检验,并应符合下列规定:

a. 结构性能检验应符合现行国家相关标准的有关规定及设计的要求,检验要求和试验方法应符合《混凝土结构工程施工质量验收规范》(GB 50204—2015)的规定。

b. 钢筋混凝土构件和允许出现裂缝的预应力混凝土构件应进行承载力、挠度和裂缝宽度检验;不允许出现裂缝的预应力混凝土构件应进行承载力、挠度和抗裂检验。

c. 对大型构件及有可靠应用经验的构件,可只进行裂缝宽度、抗裂和挠度检验。

d. 对使用数量较少的构件,当能提供可靠依据时,可不进行结构性能检验。

B. 对其他预制构件,如叠合板、叠合梁的梁板类受弯预制构件(叠合底板、底梁),除设计有专门要求外,进场时可不做结构性能检验,但应采取下列措施:

a. 施工单位或监理单位代表应驻厂监督制作过程。

b. 当无驻厂监督时,预制构件进场时应对预制构件主要受力钢筋数量、规格、间距及混凝土强度等进行实体检验。

6.3.3　装配式混凝土结构施工过程的质量控制

装配式混凝土结构施工质量控制主要从施工前的准备、原材料的质量检验与施工试验、施工过程的工序检验、隐蔽工程验收、结构实体检验等多个方面进行。对装配式混凝土结构工程的质量验收有以下要求:

①工程质量验收均应在施工单位自检合格的基础上进行。

②参加工程施工质量验收的各方人员应具备相应的资格。

③检验批次的质量应按主控项目和一般项目验收。

④对涉及结构安全、节能、环境保护和主要使用功能的试块、构配件及材料,应在进场时或施工中按规定进行检验。

⑤隐蔽工程在隐蔽前应由施工单位通知监理单位验收,并应形成验收文件,验收合格后方可继续施工。

⑥工程的观感质量应由验收人员现场检查,并应共同确认。

(1)施工前的准备

装配式混凝土结构施工前,施工单位应准确理解设计图纸的要求,掌握有关技术要求及细部构造,根据工程特点和有关规定,进行结构施工复核及验算,编制装配式混凝土专项施工方案,并进行施工技术交底。

装配式混凝土结构施工前,应由相关单位完成深化设计,并经原设计单位确认,施工单位应根据深化设计图纸对预制构件施工预留和预埋进行检查。

施工现场应具有健全的质量管理体系、相应的施工技术标准、施工质量检验制度和综合施工质量控制考核制度。

应根据装配式混凝土结构工程的管理和施工技术特点,对管理人员及作业人员进行专项培训,严禁未培训上岗及培训不合格者上岗。

应根据装配式混凝土结构工程的施工要求,合理选择并配备吊装设备;根据预制构件存放、安装和连接等要求,确定安装使用的工具者。

设备管线、电线、设备机器及板类材料、砂浆、厨房配件等装修材料的水平和垂直起重,应按经修改编制并批准的施工组织设计文件(专项施工方案)具体要求执行。

(2)施工过程中的工序检验

装配式混凝土结构施工过程中主要涉及预制构件安装、后浇区模板与支撑、钢筋、混凝土等分项工程。其中,模板与支撑、钢筋、混凝土等分项工程的工序检验可参见现浇混凝土结构的检验方法。本节重点讲述预制构件安装的工序检验。

①对于工厂生产的预制构件,进场时应检查其质量证明文件和表面标识。预制构件的质量、标识应符合设计要求及现行国家相关标准的规定。

②预制构件安装就位后,连接钢筋、套筒或浆锚的主要传力部位不应出现影响结构性能和构件安装施工的尺寸偏差。对已经出现的影响结构性能的尺寸偏差,应由施工单位提出技术处理方案,并经监理(建设)单位许可后处理。对经过处理的部位,应重新检查验收。

③预制构件安装完成后,外观质量不应有影响结构性能的缺陷。对已经出现的影响结构性能的缺陷,应由施工单位提出技术处理方案,并经监理(建设)单位认可后处理。对经过处理的部位,应重新检查验收。

④预制构件与主体结构之间、预制构件与预制构件之间的钢筋接头应符合设计要求,施工前应对接头施工进行工艺检验。

⑤灌浆套筒进场时,应抽取试件检验外观质量和尺寸偏差,并应抽取套筒采用与之匹配的灌浆料制作对中连接接头,做抗拉强度检验,检验结果应符合现行行业标准《钢筋机械连接技术规程》(JGJ 107—2016)中Ⅰ级接头对抗拉强度的要求。接头的抗拉强度不应小于连接钢筋抗拉强度标准值,且破坏时应断于接头外钢筋。此外,还应制作不少于1组40 mm×40 mm×160 mm灌浆料强度试件。

⑥灌浆料进场时,应对其拌合物30 mm流动度(图6.4)、泌水率、1 d强度、28 d强度、3 h膨胀率进行检验,检验结果应符合表6.12和设计的有关规定。

⑦施工现场灌浆施工中,灌浆料的28 d抗压强度应符合设计要求及表6.12的规定,用于检验强度的试件应在灌浆地点制作。

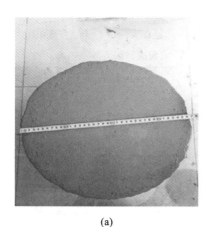

(a)　　　　　　　　　　　　(b)

图 6.4　灌浆料流动度检验与试件制作

(a)流动度检验;(b)试件制作

表 6.12　套筒灌浆料的技术性能

检测项目		性能指标
流动度/mm	初始	≥300
	30 min	≥260
抗压强度/MPa	1 d	≥35
	3 d	≥60
	28 d	≥85
竖向膨胀率/%	3 h	≥0.02
	24 h 与 3 h 差值	0.02
氯离子含量/%		≤0.3
泌水率/%		0

⑧后浇连接部分的钢筋品种、级别、规格、数量和间距应符合设计要求。

⑨预制构件外墙板与构件、配件的连接应牢固、可靠。

⑩连接节点的防腐、防锈、防火和防水构造措施应满足设计要求。

⑪承受内力的接头和拼缝,当其混凝土强度未达到设计要求时,不得吊装上一层结构构件。当设计无具体要求时,应在混凝土强度不少于 10 MPa 或具有足够的支撑时,方可吊装上一层结构构件。

⑫已安装完毕的装配式混凝土结构,应在混凝土强度达到设计要求后,方可承受全部荷载。

⑬装配式混凝土结构预制构件连接接缝处防水材料应符合设计要求,并具有合格证、厂家检测报告及进厂复试报告。

⑭装配式混凝土结构钢筋套筒灌浆连接或浆锚搭接连接灌浆应饱满,所有出浆口均应出浆。

⑮装配式混凝土结构安装完毕后,预制构件安装尺寸允许偏差应符合表 6.13 的要求。

⑯装配式混凝土结构预制构件的防水节点构造做法应符合设计要求。

⑰建筑节能工程进厂材料和设备的复验报告、项目复试要求,应按有关规范规定执行。

表 6.13 预制构件安装尺寸的允许偏差及检验方法

项目			允许偏差/mm	检验方法
构件中心线 对轴线位置	基础		15	经纬仪及尺量
	竖向构件(柱、墙、桁架)		8	
	水平构件(梁、板)		5	
构件标高	梁、柱、墙、板底面或顶面		±5	水准仪或拉线尺量
构件垂直度	柱、墙	≤6 m	5	经纬仪或吊线尺量
		>6 m	10	
构件倾斜度	梁、桁架		5	经纬仪或吊线尺量
相邻构件平整度	板端面		5	2 m 靠尺和塞尺量
	梁、板底面	外露	3	
		不外露	5	
	柱墙侧面	外露	5	
		不外露	8	
构件搁置长度	梁、板		±10	尺量
支座、支垫 中心位置	板、梁、柱、墙、桁架		10	尺量
墙板接缝	宽度		±5	尺量

(3)隐蔽工程验收

装配式混凝土结构工程应在安装施工及浇筑混凝土前完成下列隐蔽项目的现场验收:

①预制构件与预制构件之间、预制构件与主体结构之间的连接应符合设计要求。

②预制构件与后浇混凝土结构连接处混凝土粗糙面的质量或键槽的数量、位置。

③后浇混凝土中钢筋的牌号、规格、数量、位置。

④钢筋连接方式、接头位置、接头数量、接头面积百分率、搭接长度、锚固方式、锚固长度。

⑤结构预埋件、螺栓连接、预留专业管线的数量与位置。构件安装完成后,在对预制混凝土构件拼缝进行封闭处理前,应对接缝处的防水、防火等构造做法进行现场验收。

(4)结构实体检验

根据现行国家标准《建筑工程施工质量验收统一标准》(GB 50300—2013)的规定,在混凝土结构子分部工程验收前应进行结构实体检验。对结构实体进行检验,并不是子分部工程验收前的重新检验,而是在相应分项工程验收合格的基础上,对涉及结构安全的重要部位进行的验证性检验,其目的是强化混凝土结构的施工质量验收,真实地反映结构混凝土强度、受力钢筋位置、结构位置与尺寸等质量指标,确保结构安全。

对于装配式混凝土结构工程,对涉及混凝土结构安全的有代表性的连接部位及进场的混凝土预制构件应做结构实体检验。

结构实体检验分现浇和预制两部分,包括混凝土强度、钢筋直径、间距、混凝土保护层厚度以及结构位置与尺寸偏差。当工程合同有约定时,可根据合同确定其他检验项目和相应的检验方法、检验数量、合格条件。

结构实体检验应由监理工程师组织并见证,混凝土强度、钢筋保护层厚度检验应由具有相应资质的检测机构完成,结构位置与尺寸偏差检验可由专业检测机构完成,也可由监理单位组织施工单位完成。为保证结构实体检验的可行性、代表性,施工单位应编制结构实体检验专项方案,并经监理单位审核批准后实施。结构实体混凝土同条件养护试件强度检验的方案应在施工前编制,其他检验方案应在检验前编制。

装配式混凝土结构位置与尺寸偏差检验同现浇混凝土结构,混凝土强度、钢筋保护层厚度检验可按下列规定执行:

①连接预制构件的后浇混凝土结构混凝土强度、钢筋保护层厚度检验同现浇混凝土结构。

②进场时,不进行结构性能检验的预制构件部分混凝土强度、钢筋保护层厚度检验同现浇混凝土结构。

③进场时,按批次进行结构性能检验的预制构件部分可不进行混凝土强度、钢筋保护层厚度检验。

混凝土强度检验宜采用同条件养护试块或钻取芯样的方法,也可采用非破损方法检测。

当混凝土强度及钢筋直径、间距、混凝土保护层厚度不满足设计要求时,应委托具有资质的检测机构按现行国家有关标准的规定做检测鉴定。

6.3.4　装配式混凝土结构子分部工程的验收

装配式混凝土结构应按装配式混凝土结构子分部工程进行验收。

(1)验收应具备的条件

装配式混凝土结构子分部工程施工质量验收应符合下列规定:

①预制混凝土构件安装及其他有关分项工程施工质量验收合格。

②质量控制资料完整、符合要求。

③观感质量验收合格。

④结构实体验收满足设计或标准要求。

(2)验收程序

混凝土分部工程验收应由总监理工程师组织施工单位项目负责人和项目技术、质量负责人进行验收。

当主体结构验收时,设计单位项目负责人、施工单位技术和质量部门负责人应参加。鉴于装配式混凝土建筑刚刚兴起,各地区对验收程序提出更严格的要求,要求建设单位组织设计、施工、监理单位和预制构件生产企业共同验收并形成验收意见,对规范中未包括的验收内容,应组织专家论证验收。

(3)验收时应提交的资料

装配式混凝土结构工程验收时应提交以下资料:

①施工图设计文件。

②工程设计单位确认的预制构件深化设计图,设计变更文件。

③装配式混凝土结构工程所用各种材料、连接件及预制混凝土构件的产品合格证书,性能测试报告,进场验收记录和复试报告。

④装配式混凝土结构工程专项施工方案。

⑤预制构件安装施工验收记录。

⑥钢筋套筒灌浆或钢筋浆锚搭接连接的施工检验记录。

⑦隐蔽工程检查验收文件。

⑧后浇筑节点的混凝土、灌浆料,坐浆材料强度检测报告。

⑨外墙淋水试验、喷水试验记录,卫生间等有防水要求的房间蓄水试验记录。

⑩分项工程验收记录。

⑪装配式混凝土结构实体检验记录。

⑫工程的重大质量问题的处理方案和验收记录。

⑬其他质量保证资料。

(4)不合格处理

当装配式混凝土结构子分部工程施工质量不符合要求时,应按下列规定进行处理:

①经返工、返修或更换构件、部件的检验批,应重新进行验收。

②经有资质的检测机构检测鉴定能够达到设计要求的检验批,应予以验收。

③经有资质的检测机构检测鉴定达不到设计要求,但经原设计单位核算并认可能够满足结构安全和使用功能的检验批,可予以验收。

④经返修或加固处理能够满足结构安全使用功能要求的分项工程,可按技术处理方案和协商文件的要求予以验收。

6.4 案例分析

装配式清水混凝土框架柱施工质量控制研究

在我国不断加大力度推广装配式建筑的宏观背景之下,国内很多地区都开始大量修建装配式建筑,尤其是竖向承重构件目前正大量使用预制构件。对于竖向预制构件,可使用多种方式进行连接,目前常见的包括套筒灌浆、机械连接和焊接等,对于高度超过 12 m 和层数为 3 层以上的装配式建筑,建议使用套筒灌浆的方法进行连接。当采用套筒灌浆方法连接预制构件时,延长管走向会对构件强度造成很大影响,但相关规范并没有提出明确的要求和规定。另外,我国大部分装配式建筑都采用单层模板实现钢筋定位,采用双层钢板进行定位的做法还没有相关报道。对此,本次结合实例从构件生产和现场施工两个方面入手提出装配式清水混凝土框架柱施工质量控制要点。

(1)工程概况

某建筑工程总建筑面积约为 9600 m²,地上 6 层,设 1 层地下室,采用装配式框架结构,整个建筑主体结构的实际装配率可以达到 90%,而且还引入了清水混凝土的做法,是当地第一个在装配式建筑中引入清水混凝土的项目,该建筑主楼各结构部分的预制构件均使用的是清水混凝土,其表面十分光滑与平整,基本不需要进行装修处理,符合绿色低碳和环保的基本理念。现以该项目为研究对象,对其装配式清水混凝土框架柱的施工质量控制做法做如下介绍与分析。

(2)装配式清水混凝土框架柱生产质量控制

①构件厂家大多采用平模方式进行预制柱的生产,其底模和侧模均采用钢模;采用人工对上表面进行收面,使平整度与光滑度相对较差。为确保生产完成的预制柱构件表面达到预期的清水效果,选择两个呈 L 形的直角钢进行立模,框架柱侧面和钢模之间的接触务必保证构造柱构件表面达到光滑和平整。阳角拼缝只有两条,可减小拼缝部位泌水发生概率。将阳角做成圆弧,除了能保证美观性,还能有效防止磕碰。

②框架柱构件之间的连接主要采用套筒灌浆连接的方法,对于该连接方法,相关规范提出了明确规定,包括套筒参数、浆液性能、接头受力性能等,但未能对注浆孔及出浆孔延长管在构件上的布置给出明确要求。

在生产预制框架柱的过程中,厂家提出的原方案为:延长管从钢模侧面出,该方法的优点为合模之前可以在钢模侧面对延长管进行固定,为施工人员提供一定操作空间;但也存在以下缺点:延长管需要从核心混凝土处穿过,使其长度较长,需用到大量灌浆材料。延长管的外径和壁厚分别为 25 mm、2.5 mm,在管壁当中设有加强钢丝,在核心混凝土中占据很高比例,管身为塑料材质,在抗压强度上与混凝土差别巨大,而且管的外表面光滑和混凝土之间的咬合性很差,影响混凝土成型后的抗压强度,因此该方案并不推荐。

针对以上方案进行了改造:注浆孔与出浆孔延长管分别从钢模四面出,避免从核心混凝土处穿过。该方案的优点为:在套筒整个高度范围内,框架柱抗压强度不会降低;管长相对较小,能减少灌浆材料的数量,一般情况下每根框架柱可以减少 15 g 以上的灌浆材料;缺点为:延长管和钢模内侧使用磁盒相吸,在合模的过程中可能有未吸附的问题发生,导致无法形成规则注浆口或出浆口。

由于延长管从核心混凝土中穿过会影响构件成型后的抗压强度,所以设计中要针对延长管的实际走向给出明确规定,并在模具的设计与构件生产过程中采取有效措施避免对抗压强度造成影响,完成设计与生产之后要由设计单位予以确认。

③规范要求套筒中心线的偏差不能超过 2 mm。就目前来看,套筒底座大多使用橡胶材质,若钢筋加工与绑扎有很大偏差,则在合模过程中套筒受到挤压会产生一定移位,如果套筒中心线产生的偏差超出规范提出的要求,则框架柱的安装难度将明显增大。为有效解决以上问题,应先在底模表面焊接一个定位底座,以固定套筒,这样能在合模过程中防止由于挤压而产生明显的移位,保证套筒定位精度。

(3)构件检验

预制框架柱构件进场过程中要严格按照相关技术规范予以验收,对其合格证书及检验报告等进行查看。在安装开始前还要对其底部进行检查,确认是否按照要求进行了预留,且粗糙度能否达到规范要求。

伸入至套筒中的预留长度必须满足设计要求,由不同厂家生产的或规格有所不同的套筒,需深入到套筒中钢筋的长度也有一定差异。施工中要在预留的钢筋上使用缠绕塑料膜的方式予以保护,以免钢筋上附着水泥浆。在现场浇筑使用的水泥浆,其强度比套筒的灌浆材料低很多,若预留的钢筋上附着水泥浆,则在伸入到套筒之前需将其表面彻底打磨,否则会导致钢筋与灌浆材料之间的接合部位强度无法达到要求,导致钢筋被拔出。

（4）防错位措施

在现场留设的钢筋，其定位精度应进行严格控制。在传统的现浇结构施工过程中一般使用开孔后的木模对钢筋予以定位。在木模上进行开孔时，如果精度较差，或施工中由于钢筋受力导致孔壁变形，会使钢筋发生移位。定位用的木模在拆除时容易损坏，影响周转使用，要多次进行加工，使用工量明显增加。在其他项目中也有使用单层钢板对钢筋实施定位的，在钢板上留孔需要使用激光切割的方法。该方法由于留设的孔不容易发生变形，所以能保证钢筋定位精度；然而，采用单层钢板只能提高连接部位钢筋精度，如果钢筋的外露长度很大，则自由端定位将产生很大偏差，引起钢筋偏斜。按照以往的安装施工经验，如果钢筋产生偏斜，则其端头处很容易卡在套筒内，使预制框架柱构件无法下落到要求的位置。

该项目主体结构梁与柱都采用预制构件，节点采用现浇，通过双层钢板定位的引入能有效解决以上问题。以预制构件图纸为依据对两层钢板进行加工，上、下钢板之间使用和套筒相同规格的钢管进行焊接，以此形成一个完整整体。在浇筑节点之前，双层钢板应先伸入上层套筒当中，在节点现浇完成并拆除模板后，预留钢筋整个长度范围内的定位尺寸都要保持一致，没有偏斜，以此保证定位精度。该定位措施有很高的刚度，而且在施工中能实现重复使用，不容易发生变形。

实践表明，套筒与预留连接钢筋均达到准确定位是保证预制框架柱构件安装顺利完成的必要条件。根据相关测算结果，通过对以上定位措施的采用，一块预制框架柱构件从开始起吊到其预留钢筋插入底部套筒只需要不超过 5 min 的时间，能有效加快构件安装速度。

（5）灌浆材料制备

套筒使用的灌浆材料对环境有着很高的要求，注意不可在气温较高或较低的情况下进行灌浆，因为在高温条件下灌浆时，灌浆材料容易发生失水，导致流动度降低，造成堵塞；而在低温条件下灌浆时，需采取有效措施防止灌浆材料冻结，比如使用温水进行搅拌和使用加热设备等。将灌浆材料制备好后，需要在规定时间之内用完，灌浆材料使用前与灌浆完成后都要做好流动度测试。

（6）灌浆质量控制

①使用封边料对柱底部的缝隙实施封堵时，应尽量增加封边料的宽度，而高度要比柱底部高出 2 cm 左右，这样能减小灌浆过程中由于柱底缝隙中的浆液压力过大导致封边被破坏的发生概率。

②灌浆在套筒连接过程中是一个关键环节，在施工过程中必须做好旁站监督工作，以便及时发现和解决问题，全体施工人员要在作业过程中保持较高的责任心。在条件允许的情况下，应安排专人为灌浆施工实施全程录像，以此留取相应的影像资料，为之后的检查验收提供参考资料。

③在套筒灌浆施工中应加装监测器来监测浆液的饱满度。以往的堵孔方式为在连续出浆之后由若干施工人员使用橡胶塞进行堵孔，这样会产生浆液溢流对构件造成一定程度的污染，而且在浆液硬化之后将很难清除。通过对该监测器的使用能有效减少堵孔所需人力，而且浆液达到饱和以后能防止流出，减少灌浆材料的使用，并防止构件被污染，进而达到良好的清水效果。

（7）密实度检测

现如今，对于套筒内浆液密实度主要采用以下方法进行检测：射线法、超声波法、冲击回波法、雷达法、电阻率测量探头法、预埋拔丝法、阻尼振动法和内窥镜法。上述方法在科研领域的应用相对广泛,在实际工程中的使用并不多。在预制框架柱构件中,套筒的实际分布较为广泛,可能包含整个截面,所以其灌浆密实度很难检测。对此,该项目决定使用定性的方法进行检测,即采用内窥镜法对浆液密实度进行检测。

①当套筒出浆孔和构件表面相对较近时,使用直径为 4 mm 的钻头在出浆孔的部位进行钻孔,直到套筒的中心,然后用吸尘器将灌浆材料的粉末清理干净。之后方可将内窥镜的探头下放至套筒内部,从各个方位对套筒内浆液的密实度进行观测,在观测的同时还应进行拍照。

②当套筒出浆孔和构件表面相对较远时,先将出浆孔整个高度范围内的保护层清除干净,然后采用钻头进行钻孔,直到套筒的中心,钻孔在套筒中的高度需要以套筒的规格来确定。之后方可使用内窥镜对套筒中浆液的密实度进行观测,在观测的同时还应进行拍照。

采用内窥镜法对套筒内浆液密实度进行检测主要具有以下优势:操作较为简单、密实度观测直观、仪器携带方便且成本较低;但也存在以下缺点:只能对出浆孔高度范围内套筒中浆液密实度进行观测,无法对其他部位进行检测,发现是否存在缺陷。该方法是一种定性方法,可以在实际工程的密实度检测工作中使用。

(8)结语

该项目通过对以上各项质量控制要点的把控,不仅顺利完成施工,而且取得良好效果,通过该项目的实施可得出下列结论:

①若将延长管布设于核心混凝土处,将对构件自身抗压强度造成很大影响。对此,在设计过程中首先要针对延长管布设提出明确的要求和规定,然后在模具的设计与构件生产中采取有效措施加以避免。从核心混凝土处穿过的延长管,其对构件强度的影响还需要通过更深层次的定性分析来验证。

②构件生产厂家借助钢制定位套筒来准确定位套筒,并在施工现场借助双层定位钢板来准确定位预留钢筋,确保预制框架柱构件的安装得以顺利完成,并加快实际的安装效率,降低施工难度,缩短工期。

③在灌浆施工过程中,应切实加强旁站监督,设专人为整个灌浆施工过程予以录像,以获取影像资料,为之后的检查验收提供参考依据。

④借助监测器对套筒内浆液灌注的密实情况进行动态监测,能有效节省人力,避免产生浪费,防止构件被污染。如果灌浆施工中产生漏浆或者是回流的情况,则会使监测器的竖管出现液面下降的现象,此时现场人员可以立即反应,采取有效措施加以补救。

⑤采用内窥镜法这一定性方法对套筒内浆液的密实度进行检测具有以下优点:操作简便、对密实度的观测较为直观、仪器携带方便且成本较低;但也存在只能对局部套筒的浆液密实度进行观测的缺点,无法对其他部位存在的缺陷进行检测。

 课后练习题

1.影响装配式混凝土结构工程质量的因素有哪些?

2.预制构件制作所用的模具应满足哪些要求?

3.预制构件的质量证明文件应包括哪些内容?

项目7 装配式混凝土建筑安全与文明施工

知识目标：掌握安全生产管理体系；熟悉高处作业防护的要求；了解安全文明施工、现场防火的具体要求。

技能目标：培养学生具备安全生产和环保意识；能够在工作中遵守安全生产和环保法规，能采取有效的安全防范措施，确保生产过程的安全性和环保性。

素养目标：培养学生工匠精神、劳动意识、安全文明意识等，具备社会责任感，养成安全和文明习惯。

思政元素：通过个人利益和集体利益相结合的相关案例，让学生养成一丝不苟、自省自警的好习惯；让学生认识到安全文明生产必须把工夫下在平时，把事故消灭在萌芽状态。

实现形式：运用理论与实践相结合的教学法、案例教学法、对比分析法、翻转课堂、线上线下相结合的教学法、小组讨论教学法等进行课堂教学。

安全生产关系着人民群众的生命财产安全，关系着国家的发展和社会稳定。建筑施工安全生产不仅直接关系到建筑企业自身的发展和收益，更是直接关系到人民群众的根本利益，影响构建社会主义和谐社会的大局。装配式混凝土建筑作为建筑行业新的生产方式，必须确保施工安全，这需要建筑行业每一位从业人员的重视和努力。

7.1 安全生产管理体系

在装配式混凝土建筑施工管理中，应始终如一地坚持"安全第一，预防为主，综合治理"的安全生产管理方针，以安全促生产，以安全保目标。

（1）安全生产责任制

工程项目部应建立以项目经理为第一责任人的各级管理人员安全生产责任制。工程项目部应有各工种安全技术操作规程，并应按规定配备专职安全员。工程项目部应制订安全生产资金保障制度，按安全生产资金保障制度编制安全资金使用计划，并按计划实施。

（2）生产（施工）组织设计和专项生产（施工）方案

预制构件生产和施工企业的工程项目部在施工前应编制生产（施工）组织设计，生产（施工）组织设计应针对装配式混凝土建筑工程特点、生产（施工）工艺制订安全技术措施，危险性较大的分部分项工程应按规定编制安全专项施工方案,超过一定规模危险性较大的分部分项工程,施工单位应组织专家对专项施工方案进行论证。

(3)安全技术交底

施工负责人在分派生产任务时,应对相关管理人员、施工作业员进行书面安全技术交底。安全技术交底应实行逐级交底制度。安全技术交底应结合施工作业场所状况、特点、工序,对危险因素、施工方案、规范标准、操作规程和应急措施进行交底。要求内容全面、针对性强,并应考虑施工人员素质等因素。安全技术交底应由交底人、被交底人、专职安全员进行签字确认。

(4)安全检查

工程项目部应建立安全检查制度。安全检查应由项目负责人组织,专职安全员及相关专业人员参加,定期进行并填写检查记录。对检查中发现的事故隐患应下达隐患整改通知单,定人、定时间、定措施进行整改,重大事故隐患整改后,应由相关部门组织复查。

(5)安全教育

工程项目部应建立安全教育培训制度。施工管理人员、专职安全员每年度应进行安全教育培训和考核。当施工人员变换工种或采用新技术、新工艺、新设备、新材料施工时,应进行安全教育培训;对新入场的施工人员,工程项目部应组织进行以国家安全法律法规、企业安全制度、施工现场安全管理规定及各工种安全技术操作规程为主要内容的三级安全教育培训和考核。

(6)应急救援

工程项目部应针对工程特点,进行重大危险源的辨识,应制订防触电、防坍塌、防高处坠落,防起重及机械伤害、防火灾、防物体打击等主要内容的专项应急救援预案,并对施工现场易发生重大安全事故的部位、环节进行监控。施工现场应建立应急救援组织,培训、配备应急救援人员,定期组织员工进行应急救援演练;对难以进行现场演练的预案,可按演练程序和内容采取室内桌牌式模拟演练。按应急救援预案要求,应配备应急救援器材和设备。

(7)持证上岗

从事建筑施工的项目经理、专职安全员和特种作业人员,必须经行业主管部门培训考核合格,取得相应资质证书,方可上岗作业。

装配式混凝土建筑工程项目特种作业人员包括灌浆工、塔式起重机司机、起重司机指挥工作人员、电工、物料提升机和外用电梯司机、起重机械拆装作业人员等。

7.2　高处作业防护

高处作业是指在坠落高度基准面 2 m 及以上有可能坠落的高处进行的作业。高处坠落是建筑工地施工的重大危险源之一,针对高处作业危险源做好防护工作,对保证工程顺利进行、保护作业人员生命安全非常重要。

7.2.1　防护要求

进入现场的人员均必须正确佩戴安全帽。高空作业人员应佩戴安全带,并要高挂低用,系在安全、可靠的地方。现场作业人员应穿好防滑鞋。高空作业人员所携带各种工具、螺栓等应在专用工具袋中放好,在高空传递物品时,应挂好安全绳,不得随便抛掷,以防伤人。吊装时不得在构件上堆放或悬挂零星物品,零星物品应用专用袋子上、下传递,严禁在高空向下抛掷物料。

坠落高度基准面 2 m 及以上进行临边作业时,应在临空一侧设置防护栏杆,并应采用密目式安全立网或工具式栏板封闭。分层施工的楼梯口、楼梯平台和梯段边,应安装防护栏杆;外设楼梯口、楼梯平台和梯段边还应采用密目式安全立网封闭。施工升降机、龙门架和井架物料提升机等各类垂直运输设备设施与建筑物间设置的通道平台两侧边,应设置防护栏杆、挡脚板,并应采用密目式安全立网或工具式栏板封闭。各类垂直运输接料平台口应设置高度不低于 1.80 m 的楼层防护门,并应设置防外开装置;多笼井架物料提升机通道中间,应设置隔离设施。

雨天和雪天进行高处作业时,必须采取可靠的防滑、防寒和防冻措施。对进行高处作业的高耸建筑物,应事先设置避雷装置。遇有 6 级或 6 级以上大风、大雨、大雪等恶劣天气时,不得进行高处作业;恶劣天气过后应对高处作业安全设施逐一加以检查,发现有松动、变形、损坏或脱落等现象应立即修理完善。

7.2.2 安全设备

(1)安全帽

图 7.1 安全帽

安全帽是建筑施工现场最重要的安全防护设备之一(图 7.1),可在现场刮碰、物体打击、坠落时有效地保护使用者头部。

为了在发生意外时使安全帽发挥最大的保护作用,现场人员必须正确佩戴安全帽。佩戴前需调节缓冲衬垫的松紧,保证头部与帽顶内侧有足够的撞击缓冲空间。此外,佩戴安全帽必须系紧下颚带,不准将安全帽歪戴于脑后,留长发的作业人员须将长发塞进安全帽内。现场的安全帽应有专人负责,定期检查安全帽质量,不符合要求的安全帽不应作为防护用品使用。

(2)安全带

安全带是高处作业工人预防坠落伤亡事故的个人防护用品,被广大建筑工人誉为救命带(图 7.2)。高处作业工人必须正确佩戴安全带。佩戴前应认真检查安全带的质量,有严重磨损、开丝、断绳股或缺少部件的安全带不得使用。佩戴时应将钩、环挂牢,卡子扣紧。安全带应垂直悬挂,不得低挂高用,应将钩挂在牢固物体上,并避开尖刺物、运离明火。高处作业时严禁工人只佩不挂安全带。

(3)建筑工作服

建筑工人进行现场施工作业时应穿着建筑工作服(图 7.3)。建筑工作服一般来说具有耐磨、耐穿、吸汗、透气等特点,适合现场作业。特殊工种的工作服还会有防火、耐高温、防辐射等作用。建筑工作服多为蓝色、灰色、橘色等显眼的颜色,可更好地起到安全警示作用。

图 7.2　安全带

图 7.3　建筑工作服

（4）建筑外防护设施

装配式混凝土建筑尽管普遍采用夹心保温外墙板，免去了外墙外保温、抹灰等大量外立面作业，但仍然存在板缝防水打胶、涂料等少量的外立面作业内容。因此，装配式混凝土建筑施工企业应酌情支设建筑外防护设施。目前常用的建筑外防护设施有外挂三角防护架和建筑吊篮等。

①外挂三角防护架

现浇混凝土建筑的施工需搭设外脚手架，并且做严密的防护，而装配式混凝土建筑由于外立面施工作业内容少，故多采用外挂三角防护架（图 7.4），可安全、实用地满足施工要求。

图 7.4　外挂三角防护架

②建筑吊篮

建筑吊篮是一种悬空提升载人机具，可为外墙外立面作业提供操作平台（图 7.5）。吊篮操作人员必须经过培训，考核合格后取得有效资格证方可上岗操作，使用时必须遵守安全操作要求。

吊篮必须由指定人员操作，严禁未经培训人员或未经主管人员同意擅自操作吊篮。作业人员作业时需佩戴安全帽和安全带，穿防滑鞋，不得在酒后、过度疲劳、情绪异常时上岗作业。作业时严禁在悬吊平台内使用梯子、搁板等攀高工具或在悬吊平台外另设吊具进行作业。作业人员必须在地面进出吊篮，不得在空中攀缘窗户进出吊篮，严禁在悬空状态下从一悬吊平台攀入另一悬吊平台。

图 7.5 建筑吊篮在装配式建筑上的应用

7.3 临时用电安全

建筑施工用电是专为建筑施工工地提供电力并用于现场施工的用电。由于这种用电是随着建筑工程的施工而进行的,并且随着建筑工程的竣工而结束,所以建筑施工用电属于临时用电。

临时用电设备在 5 台及以上或设备总容量在 50 kW 及以上者,应编制临时用电施工组织设计;临时用电设备在 5 台以下和设备总容量在 50 kW 以下者,应制订安全用电技术措施及电气防火措施。

施工现场临时用电设备和线路的安装、巡检、维修或拆除等工作必须由专业电工完成,并应有人监护。电工必须经过国家现行标准考核,合格后才能持证上岗工作。其他用电人员必须通过相关职业健康安全教育培训和安全交底,考核合格后方可上岗作业。

装配式混凝土建筑施工工地临时用电系统宜采用三相五线、保护接零的 TN-S 系统。工作接地电阻不得大于 4 Ω,重复接地电阻不得大于 10 Ω。施工现场起重机、施工升降机等大型用电设备应按规范要求采取防雷措施,防雷装置的冲击接地电阻值不得大于 30 Ω。

装配式混凝土建筑施工工地临时用电系统应采用三级配电、二级漏电保护系统(图7.6),必要时可采用三级配电、三级漏电保护系统。用电设备实行“一机、一闸、一漏、一箱”进、出线口在箱体下部,严禁门前门后出线。

配电箱(图 7.7)、开关箱应装设在干燥、通风及常温场所。配电箱、开关箱安装要端正、牢固。固定式配电箱、开关箱的中心点与地面的垂直距离应为 1.4～1.6 m。移动式分配电箱、开关箱应设在坚固、稳定的支架上。其中心点与地面的垂直距离应为 0.8～1.6 m。配电箱、开关箱周围应有足够两人同时工作的空间和通道,其周围不得堆放任何有碍操作、维修的物品,不得有灌木、杂草。配电箱、开关箱外形结构应能防雨、防尘。

现场各种电线插头、开关均设在开关箱内,停电后必须拉下电闸。各种用电设备必须有良好的接地、接零。对于现场用手持电动工具,应在安全电压下工作,且必须有漏电保护器。操作者必须戴绝缘手套,穿绝缘鞋;不要站在潮湿的地方使用电动工具或设备。

总配电箱应设置在靠近电源区域,分配电箱应设置在用电设备或负荷相对集中的区域,分配电箱与开关箱的距离不得超过 30 m。动力配电箱与照明配电箱宜分别设置,如设置在同一配电箱内,动力和照明线路应分路设置,照明线路接线宜接在动力开关的上侧。

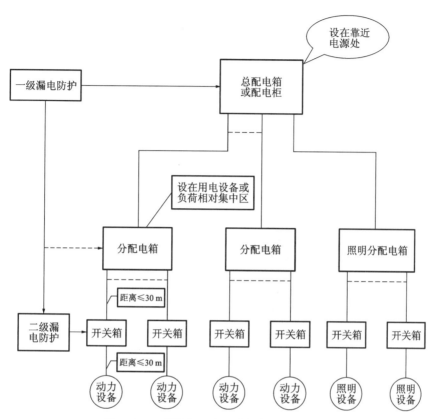

图 7.6　三级配电、二级漏电保护系统示意图

图 7.7　配电箱

　　临时用电工程安装完毕后,由基层安全部门组织验收。参加人员有主管临时用电安全的领导和技术人员、施工现场主管、编制临电设计者、电工及安全员。检验内容包括配电线路,各种配电箱、开关箱、电器设备安装,设备调试,接地电阻测试记录等,并做好记录,参加人员签字。

7.4　起重吊装安全

装配式混凝土建筑施工过程中,起重作业一般包括两种:一种是与主体有关的预制混凝土构件和模板、钢筋及临时构件的水平和垂直起重;另一种是设备管线、电线、设备机器及板类材料、砂浆、厨房配件等装修材料的水平和垂直起重。装配式混凝土建筑起重吊装作业的重点和难点是预制混凝土构件的吊装安装作业(图 7.8)。

图 7.8　预制混凝土构件的吊装安装作业

7.4.1　起重吊装设备的选用

装配式混凝土建筑工程应根据施工要求,合理选择并配备起重吊装设备。一般来说,由于装配式混凝土建筑工程起重吊装工作任务多,且构件自重大,吊装难度大,故多采用塔式起重机进行吊装作业。对于低、多层建筑,当条件允许时也可采用汽车起重机。

选择吊装主体结构预制构件的起重机械时,应重点考虑以下因素:

①起重量、作业半径、起重力矩应满足最大预制构件组装作业要求。

塔式起重机的型号决定了它的臂长幅度。布置塔式起重机时,塔臂应覆盖堆场构件,避免出现覆盖盲区,减少预制构件的二次搬运。对含有主楼、裙房的高层建筑,塔臂应全面覆盖主体结构部分和堆场构件存放位置,同时力求塔臂全部覆盖裙楼(图 7.9)。当出现难以覆盖的楼边时,可考虑采用临时租用汽车起重机解决裙房边角垂直运输问题,不宜盲目加大塔机型号,应认真进行技术经济比较分析后确定方案。

图 7.9　装配式建筑施工现场塔式起重机的布设

在塔式起重机的选型中应结合塔式起重机的尺寸及起重量的特点,重点考虑工程施工过程中最重的预制构件对塔式起重机吊运能力的要求。应根据其存放的位置、吊运的部位、与塔中心的距离,确定该塔式起重机是否具备相应的起重能力。确定塔式起重机方案时应留有余地,一般实际起重力矩在额定起重力矩的 75% 以下。

②塔式起重机应具有安装和拆卸空间,轮式或履带式起重设备应具有移动作业空间和拆卸空间,起重机械的提升或下降速度应满足预制构件的安装和调整要求。塔式起重机应结合施工现场环境合理定位。当群塔施工时,两台塔式起重机的水平吊臂间的安全距离应大于 2 m,一台塔式起重机的水平吊臂和另一台塔式起重机的塔身的安全距离也应大于2 m。

③选择起重吊装设备还要考虑主体工程施工进度以及起重机的租赁费用、组装与拆卸费用等因素。

7.4.2　起重吊具的选择

施工作业使用的专用吊具、吊索、定型工具式支撑、支架等(图 7.10),应进行安全验算,使用中进行定期、不定期检查,确保其安全状态。

起重吊具应按现行国家相关标准的有关规定进行设计验算或试验检验,经验证合格后方可使用。应根据预制构件的形状尺寸及重量要求选择适宜的吊具,在吊装过程中,吊索水平夹角不宜小于 60°,不应小于 45°。尺寸较大或形状复杂的预制构件应选择设置分配梁或分配桁架的吊具,并应保证吊车主钩位置、吊具及构件重心在竖直方向重合。

　　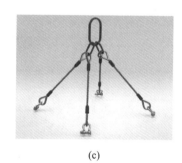

(a)　　　　　　　　(b)　　　　　　　(c)

图 7.10　常用的吊具、索具

(a)钢丝绳;(b)吊钩;(c)钢丝绳吊索

吊具、吊索的使用应符合施工安装的安全规定。预制构件起吊时的吊点合力应与构件重心重合。宜采用标准吊具均衡起吊就位。吊具可采用预埋吊环或埋置式接驳器的形式。专用内埋式螺母或内埋吊杆及配套的吊具,应根据相应的产品标准和应用技术规定选用。

预制混凝土构件吊点应提前设计好,根据预留吊点选择相应的吊具。在起吊构件时,为了使构件稳定,不出现摇摆、倾斜、转动、翻倒等现象,应选择合适的吊具。无论采用几点吊装,始终要使吊钩和吊具的连接点的垂线通过被吊构件的重心,它直接关系到吊装结果和操作的安全性。

吊具的选择必须保证被吊构件不变形、不损坏,起吊后不转动、不倾斜、不翻倒。吊具的选择应根据被吊构件的结构、形状、体积、重量、预留吊点以及吊装的要求,结合现场作业条件,确定合适的吊具。吊具选择必须保证吊索受力均匀。

各承载吊索间的夹角一般不应大于60°,其合力作用点必须保证与被吊构件的重心在同一条铅垂线上,保证吊运过程中吊钩与被吊构件的重心在同一条铅垂线上。在说明中提供吊装图的构件,应按吊装图进行吊装。在异形构件装配时,可采用辅助吊点配合简易吊具调节物体位置的吊装法。

当构件无设计吊钩(点)时,应通过计算确定绑扎点的位置。绑扎的方法应保证起吊过程安全可靠和摘钩简便。

7.4.3 起重吊装安全管理

塔式起重机司机定期进行身体检查,凡有不适合登高作业者,不得担任司机;应该配有足够的司机,以适应"三班制"施工的需要;严禁司机带病上岗和酒后工作;非司机人员不能擅自进入驾驶室。

塔式起重机日常管理应贯彻"人机固定"原则,实行定机、定人、定岗位责任的"三定"制度。操作人员必须认真执行各项规章制度,严格遵守操作规程,防止出现安全质量事故。

新制或大修出厂及拆卸重新组装后的塔式起重机,均应进行检验,吊高限位器、力矩限位器必须灵活、可靠,吊钩、钢丝绳保险装置应完整、有效;零部件齐全,润滑系统正常;电缆、电线无破损或外裸;钢丝绳不脱钩、无松绳现象。经有关部门验收合格后,塔式起重机方可正式投入使用。经验收合格的塔式起重机应设立安全验收标牌。

吊装时吊机应有专人指挥,指挥人员应位于吊机司机视力所及地点,应能清楚地看到吊装的全过程,起重工指挥手势要准确无误,哨音要明亮,吊机司机要精力集中,服从指挥,不得擅自离开工作岗位(图7.11)。

图 7.11 起重机吊装作业现场

起重机的工作环境温度为-20~40 ℃,风速不应大于5级。如遇5级以上大风、暴雨、浓雾、雷暴等恶劣天气,不得进行起吊作业。夜间作业应有充足的照明。起重设备不允许在斜坡道上工作,不允许起重机两边高低相差太多。

构件绑扎必须牢固。对于体积庞大或形状复杂的构件,应设溜绳固定。构件应采用垂直吊运,严禁采用斜拉、斜吊,杜绝与其他物体碰撞或钢丝绳被拉断的事故。起吊构件时,速度不能太快。起吊离地3 m左右后应暂停起升,待检查安全稳妥后继续起吊。一次宜进行一个动作,待前一动作结束后,再进行下一动作。吊运过程应平稳,不应有大幅摆动,不应突然制动。在吊装回转、俯仰吊臂、起落吊钩等动作前,应鸣声示意。回转未停稳前,不得做反向操作。起重机停止作业时,应刹住回转及行走机构。吊装过程中吊起的构件不得长时间悬在空中,应采取措施将重物降落到安全位置;构件就位或固定前,不得解开吊装索具,以防构件坠落伤人。构件吊装就位后,应经初校和临时固定或连接可靠后方可以卸钩,待稳定后方可拆除固定工具和其他稳定装置。

吊装工作区应有明显标志,并设专人警戒,非吊装现场作业人员严禁入内。起重机工作时,起重臂下严禁站人。吊运预制构件时,构件下方严禁站人,应待预制构件降落至距地面1 m 以内方准作业人员靠近。同时,避免人员在吊车起重臂回转半径内停留。吊装时,高空作业人员应站在操作平台、吊篮、梯子上作业,严禁在未加固的构件上行走;人手脚须远离移动重物及起吊设备,吊物和吊具下不可站人。

7.5　现 场 防 火

(1)管理制度

施工现场的防火工作,必须认真贯彻"预防为主,防消结合"的方针,立足于自防自救。施工企业应建立健全岗位防火责任制,实行"谁主管谁负责"原则,并落实层级消防责任制,落实各级防火负责人,各负其责。施工现场必须成立防火领导小组,由防火负责人任组长,定期开展防火安全工作。单位应对职工进行经常性的防火宣传教育,普及消防知识,增强消防观念。

(2)现场作业防火要求

施工现场应严格执行动火审批程序和制度。动火操作前必须提出申请,经单位领导同意及消防或安全技术部门检查批准后,领取动火证,再进行动火作业。变更动火地点和超过动火证有效时限的动火作业需重新申请动火证。

现场进行电焊、气焊、气割等作业时,操作人员必须具备相应的操作资格和能力。操作前应对现场易燃、可燃物进行清除,并应注意用电安全,氧气瓶、乙炔瓶与明火点间的距离应符合要求。作业时应留有看火人员监视现场安全。

应根据构件材料的耐火性能特点合理选择施工工艺。例如,夹心保温外墙板的保温层材料普遍防火性能较差,故夹心保温外墙板后浇混凝土连接节点区域的钢筋不得采用焊接连接,以免钢筋焊接作业时产生的火花引燃或损坏夹心保温外墙板中的保温层。

(3)材料存储防火要求

施工现场应有专用的物品存放仓库,不得将在建工程当作仓库使用。严禁在库房内兼设办公室、休息室或更衣室、值班室以及进行各种加工作业等。

仓库内的物品应分类堆放,并保证不同性质物品间的安全距离。库房内严禁吸烟和使用明火。应根据物品的耐火性质确定库房内照明器具的功率,一般不宜超过 60 W。仓库应保持通风良好,地面清洁,管理员应对仓库进行定期和不定期的巡查,并做到人走则断电锁门。

(4)防火规划与设施

施工现场必须设置临时消防车道,其宽度不得小于 3.5 m,并保持临时消防车道的畅通。消防车道应环状闭合或在尽头有满足要求的回车场。消防车道的地面必须作硬化处理,保证能够满足消防车通行的要求。

施工现场应按要求设置消防器材,包含灭火器、消防沙箱等(图7.12)。器材和设施的规格、数量和布局应满足要求。

图7.12　消防器材

7.6　文 明 施 工

文明施工是指保持施工场地整洁卫生,施工组织科学,施工程序合理的一种施工活动。装配式混凝土建筑施工工地应达到文明施工的要求。施工单位文明施工是安全生产的重要组成部分,是社会发展对建筑行业提出的新要求。作为装配式混凝土建筑的施工工地,应该扎实贯彻文明施工的要求。

(1)现场围挡

施工现场应设置围挡,围挡的设置必须沿工地四周连续进行,不能有缺口。

市区主要路段的工地应设置高度不低于2.5m的封闭围挡;一般路段的工地应设置高度不低于1.8 m的封闭围挡。围挡要坚固、稳定、整洁、美观(图7.13)。

图7.13　现场围挡

(2)封闭管理

施工现场进出口应设置大门,并应设置门卫值班室(图7.14)。值班室应配备门卫值守人员,建立门卫值守制度。施工人员进入施工现场应佩戴工作卡,非施工人员需验明证件并登记后方可进入。施工现场出入口应标有企业名称或标识,大门处应设置公示标牌"五牌一图"(图7.15),标牌应规范整齐,施工现场应有安全标语、宣传栏、读报栏、黑板报。

图7.14　工地大门　　　　　　　图7.15　"五牌一图"标牌

（3）施工场地

施工现场道路应畅通，路面应平整坚实，主要道路及材料加工区地面应进行硬化处理（图7.16）。施工现场应有防止扬尘措施和排水设施。施工现场应加强对废水、污水的管理，现场应设置污水池和排水沟。废水、废弃涂料、胶料应统一处理，严禁未经处理直接排入下水管道。施工现场应设置专门的吸烟处，严禁随意吸烟，建议在施工场地内做绿化布置。

图7.16　施工场内道路

（4）材料堆放

建筑材料、构件、料具要按总平面布置图的布局，分门别类堆放整齐，并挂牌标名。"工完料净场地清"，建筑垃圾也要分出类别，堆放整齐，挂牌标出名称。易燃易爆物品分类存放，专人保管。

（5）现场办公与住宿

施工作业、材料存放区与办公、生活区应划分清晰，并应采取相应的隔离措施。在建工程内，伙房、库房不得兼作宿舍；宿舍应设置可开启式窗户，床铺不得超过2层，通道宽度不应小于0.8 m；住宿人员人均面积不应小于2.5 m²，且每间宿舍不得超过16人；冬季宿舍应有采暖和防一氧化碳中毒措施。

（6）治安综合治理

生活区内要为工人设置学习、娱乐场所。要建立健全治安保卫制度和治安防范措施，将责任分解到人，杜绝发生丢失盗窃事件。

（7）生活设施

施工现场要建立卫生责任制，食堂要干净卫生，炊事人员要有健康证。要保证供应卫生饮水，为职工设置淋浴室、符合卫生标准的厕所（图7.17），生活垃圾装入容器，及时清理，设专人负责。

图7.17　工地厕所

（8）保健急救

施工现场要有经过培训的急救人员，要有急救器材和药品，制订有效的急救措施，开展卫生宣传教育活动。

（9）社区服务

夜间施工时，应防止光污染对周边居民的影响。现场施工产生的废弃物等应进行分类回收。施工中产生的胶黏剂、稀释剂等易燃易爆废弃物应及时收集至指定储存器内并按规定回收，严禁丢弃未经处理的废弃物。施工现场应采用控制噪声的措施。

7.7　案例分析

装配式混凝土建筑与传统现浇混凝土建筑施工存在较大差异，
如何避免高坠事故发生？

某工程局印发了《关于开展全局安全生产"防高坠"专项治理行动的通知》，全国最大规模的装配式住宅项目——长圳公共住房及其附属工程项目深入贯彻落实局"防高坠"整治要求。

（1）第一招"技术先行"防护管理

①电梯井、洞口正式防护

项目在铝模深化阶段对标准层所有电梯井口、洞口铝模K板设置凹槽，采用结构预埋单层双向钢筋网作为防护，极大提升结构的安全系数，受到业主、监理极力赞赏，并在整个项目推广使用（图7.18）。

②作业层电梯井、洞口临时防护。在铝模作业层，电梯井、洞口铝模拼装完成后，正式防护钢筋安装还需时间，项目自主设计制作电梯井竖向、洞口水平向可周转式防护，确保作业

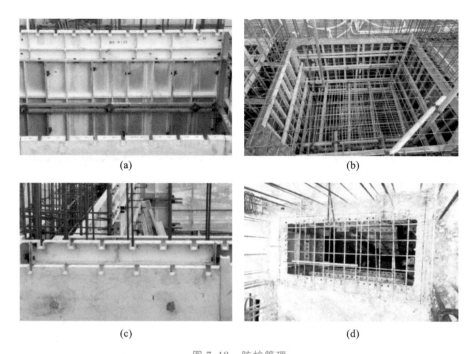

(a)　　　　　　　　　　　　　　(b)

(c)　　　　　　　　　　　　　　(d)

图 7.18　防护管理

(a)电梯井口铝模 K 板深化凹槽;(b)电梯井口预埋单层双向钢筋网防护;
(c)洞口铝模 K 板深化凹槽;(d)洞口预埋单层双向钢筋网预埋防护

层安全防护连续可控。

③楼梯井周转式平台防护。项目主体结构施工采用预制构件＋铝模＋爬架的建造体系。根据装配式楼梯吊装要求,楼梯相对于主体结构施工滞后一层,项目根据楼梯井结构特征,自主设计制作整体可吊装式操作平台(图 7.19),兼具安全防护、人员上下通道、铝模侧模安拆操作平台等功能。

图 7.19　自主设计制作整体可吊装式操作平台

(2)第二招"入场把关"细化管理

正式复工前,项目组织全体工人进行健康体检、三级安全教育,建立一人一档资料,进场作业前确保工人生命安全和身体健康(图 7.20)。

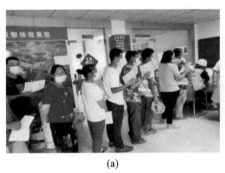

图 7.20 细化管理（一）

(a)全员健康检查；(b)入场三级安全教育

开展早班会教育、安全教育日活动、专项安全教育、观看教育警示片,结合"行为安全之星"活动(图 7.21),将"防高坠"的管理要求进一步深入人心,营造安全管理的良好氛围。

图 7.21 细化管理（二）

(a)早班会教育；(b)安全教育日活动；

(c)"行为安全之星"正向激励活动；(d)观看教育警示片

(3)第三招"强化排查"狠抓落实

项目经理带队,充分发挥全员管安全的理念,定期开展"防高坠"安全专项检查,对检查出的问题形成销项表,定人定时定整改措施,不留死角(图 7.22)。

(4)第四招"定期演练"值守到位

项目定期组织"高处坠落"应急演练,增强工人安全意识,极大提升现场应急处置能力。非正常上班时段,坚持现场值班制度,确保现场有工人作业就有项目领导班子及工程师值守,确保现场作业、安全监管同步进行(图 7.23)。

防高坠安全检查销项表

问题图片	整改要求	责任单位	责任人	整改完成时间
	北侧凹槽部位临时通道搭设不规范,需进行拆除	××劳务	曹××、高××、黄××	2020年5月8日
	在3.6米高度处挂设水平兜网	××劳务	曹××、高××、黄××	2020年5月8日

(a)　　　　　　　　　　　　　(b)

图 7.22　"防高坠"安全专项检查

(a)"防高坠"安全专项检查;(b)"防高坠"安全检查销项表

(a)　　　　　　　　　　　　　(b)

图 7.23　"高处坠落"应急演练

(a)"高处坠落"应急演练;(b)非正常上班时段现场值守

生命至上,安全第一。居安思危,有备无患。强化责任落实,牢守安全底线,防高坠专项。

 课后练习题

1.装配式混凝土建筑安全生产管理体系有哪些内涵?

2.装配式混凝土建筑施工现场有哪些防火要求?

3.装配式混凝土项目文明施工的具体要求有哪些?

项目 8　装配式建筑人才培养

知识目标：了解当前装配式建筑存在的问题；熟悉住宅产业化发展背景；掌握装配式建筑人才需求状况和培养方案。

技能目标：培养学生具备创新意识和可持续发展观念，能够在设计和施工过程中提出创新性的解决方案，并能够考虑环境和社会的可持续发展需求。

素养目标：培养全面发展的高素质人才，不仅培养学生扎实的文化基础、熟练的专业技能，还要在自主发展和社会责任感上加以引导，使之能够成为新时代社会主义现代化建设的优秀人才。

思政元素：通过"国内研究装配式建筑的先行者——郭学明"的案例，使同学们牢固树立以人为本、人人有才、人尽其才、才尽其用的科学人才观；践行德才兼备，能者居上，与同心者为伴，以奋斗者为本的建筑人才培养理念。

实现形式：运用榜样示范教学法、小组讨论法、问题探究法等进行课堂教学。

8.1　当前装配式建筑存在的问题

（1）顶层设计存在问题

当前我国装配式建筑顶层设计来源于万科与榆构合作的结合日本抗震设计的等同现浇的装配式体系，等同现浇体系必然存在大量露筋、甩筋。

国内装配式构件自动化生产线多是引进的德国设备和技术体系，德国构件生产技术体系中构件甩筋少、外露少，模具易标准化、自动化，此体系对于国内等同现浇有大量甩筋的体系的生产构件类型适用性有限，因此多以生产叠合板、内墙板等为主，生产线利用率和效率不高。

在政策上，我国目前学习新加坡的组屋机制，政府要求承包商完成一定比例的装配式建筑，这种情况下便诞生了中国特有的以剪力墙灌浆套筒体系为主要形式的中国装配式体系。

（2）深化设计端有劲无力

传统设计院较难承接装配式项目的深化设计工作，原因主要有：

①深化设计相对传统设计，要深入构件层次，图纸工作量增加 2～3 倍，这还只是工作量和经济方面的问题。

②深化设计需要考虑生产加工因素、运输因素、现场施工吊装问题，这些问题恰恰是从

院校、研究所直接到设计院的设计者较难考虑到的问题。

③需要设计人员有多年装配式构件生产和施工经验,考虑诸多现场问题,方能做好深化设计。比如空调通风系统的现场深化设计,不需要结构设计、受力验算分析,但一定要有现场的构件生产和现场施工经验的积累。

④目前专门做深化设计的公司较少。随着装配项目的增多、装配量的增大,显然对人才的需求量非常大。

(3)构件生产存在问题

构件生产当前最大的问题是模具的标准化、可复用化。目前大量模具的重复使用率较低。一个项目结束,该项目的模具都会按照废铁价格统一处理,没有可复用性。如墙板均有出筋、甩筋设计,每个项目的钢筋粗细、间距不同,自然而然模具重复使用率低。自动生产线多引进国外生产线,实际使用效率不高。

(4)装配施工的问题

目前全国各地装配式做法及装配率各不相同,呈现百花齐放状态,没有成熟固定的做法,都在摸索中不断地总结经验。

行业工人的培训需求旺盛,但相对传统施工,人员需求量大幅减少,施工操作难度也在逐步降低。将来毕业的学生会有很大一部分被分流到构件生产厂。

(5)总结归纳

①缺乏完整统一的标准化体系,标准化建设工作有待推进,包括设计技术标准、施工技术标准、构件生产标准、运输标准、现场吊装标准、成本计量标准等。

②各地政策和技术标准不统一,发展差异性大。

③当前装配式建筑整体占有率仅 8%,且各种装配形式和方案并存,大家仍在探索适合自己的模式。

④目前行业整体仍处于初级阶段,设计、生产、施工、成本等环节都在磨合和寻找解决方案。

⑤设计二维、三维并存,二维仍占多数,BIM 技术在设计、生产施工等环节大有可为。

⑥生产企业大多数仍比较传统,需要信息化转型,需要配套的场区管理系统、进出库管理系统、物流追踪系统等,自动化生产线需要本土化。

⑦设计、生产、施工沟通协调不顺,装配式建筑中 EPC 模式[EPC,Engineering(设计)、Procurement(采购)、Construction(施工)的组合,即设计采购施工总承包,是指由工程总承包企业依据规定,承担项目的设计、采购、施工和试运营等工作,并对工程全面负责的项目模式。]是大势所趋,设计、生产、施工一体化势在必行。这时设计阶段将显得尤为重要,设计方案也将起关键作用,从 BIM 设计开始的设计、生产、施工的协同将会发挥更大作用。

⑧装配式建筑专业人才培养跟不上行业发展需要。拆分设计、深化设计、模具设计、现场施工需求是装配式建筑人才需求的高度集中点;BIM 技术具备天然的三维建模信息化优势,传统的 CAD 画图出图难以满足装配量及装配率逐步提升的行业需求。EPC 模式可有效打破各单位之间的沟通和技术壁垒,装配式+BIM+EPC 是行业未来发展趋势。

对于装配式建筑人才的培养,要先落地于认知层次的培养,掌握相关的装配式建筑识图与生产施工工艺工法,重点掌握企业关注的行业应用技能,聚焦 BIM 应用、拆分设计、深化设计,为未来装配式建筑人才储备核心竞争力。

8.2 住宅产业化发展背景

近年来,我国住宅建筑飞速发展,其建造和使用对资源的占用和消耗都非常大。与发达国家相比,存在住宅建造周期长、施工质量差、能源及原材料消耗大、产业化程度尤其是工业化程度低等问题,迫切需要采取工业化手段来提高住宅建设的质量和效率。

住宅产业化是指用工业化生产的方式来建造住宅,是机械化程度不高和粗放式生产的生产方式升级换代的必然要求。建筑的工业化是实现住宅产业化的必经途径,只有通过现代化的制造、运输、安装和科学管理的大工业化生产方式,才能代替传统建筑业中分散的、低水平的、低效率的手工业生产方式。实现建筑工业化就是以技术为先导,采用先进、适用的技术和装备,在建筑标准化的基础上,发展建筑构配件、制品和设备的生产,培育技术服务体系和市场的中介机构,使建筑业生产、经营活动逐步走上专业化、社会化道路。

通过我国几十年来建筑工业化的历史经验,以及吸收国外的有益经验和做法,我国住宅产业现代化进入了一个新的发展阶段,也为我国住宅产业化带来了前所未有的发展机遇:

①国家"十四五"规划的战略发展要求为住宅产业化突破发展提供了契机。"十四五"期间是我国经济发展方式转变、产业结构调整、向现代工业化迈进的攻坚时期。实现住宅产业现代化,就是转变发展方式,走新型工业化道路,符合建设领域落实科学发展的具体要求。在此大背景下,推进住宅产业现代化事关大局、恰逢其时、大有可为。

②大规模保障性住房建设为住宅产业发展带来了广阔的市场。保障性住房以政府投资建设为主,具有套型面积小、建筑设计相对简单等特点,易于标准化和工业化生产。

③人口红利的淡出为加快推进住宅产业化提供了内驱动力。一直以来,以农民工现场手工操作为主的低人工成本、粗放型的住宅建造方式制约着住宅产业化的发展。然而,近期以来,建筑业开始面临着劳动力成本上升、劳动力与技工严重短缺的现实,无限的劳动力市场已经变成有限的劳动力市场,原来依靠农民工廉价劳动力的生产方式已难以为继。改变这一状况的根本出路在于走新型工业化道路,实现产业升级。因此,推进住宅产业现代化已成为大小企业自身发展的迫切需求,成为企业技术创新和转型升级的内在动力。

总之,无论是宏观的政策环境、市场条件,还是企业发展的内在需求,均已构成了住宅产业化发展的有利因素,可谓天时、地利、人和均在,这对于一个产业的发展来说,可谓千载难逢。抓住机遇,实现大发展,是全体住宅产业化践行者的共同责任。

8.3 装配式建筑人才需求状况

要实现国家建筑产业现代化,管理型、技术型及复合型人才的培养与储备是其得以健康持续发展的重要保障和关键因素。现在建筑产业已成为建筑业发展的潮流趋势,但产业发展滞后的关键原因之一在于专业技术型人才的短缺,职业院校作为专业人才的输出地,到了需要结合行业前沿和生产实践,传授先进的专业技术知识的时候了。据推算,我国新型现代建筑产业发展需求的专业技术人才已至少紧缺近100万人,各岗位的需求情况见表8.1。

表 8.1　我国新型现代化建筑产业人才需求

序号	岗位	非常需要	需要	一般需要	不需要	无所谓
1	装配式建筑施工技术岗位	34％	55％	6％	2％	3％
2	装配式建筑结构二次设计岗位	35％	50％	9％	2％	4％
3	装配式建筑结构预算岗位	38％	43％	11％	6％	2％
4	预制构件生产质量控制岗位	28％	42％	17％	5％	8％
5	档案管理岗位	25％	43％	13％	8％	11％

对于建筑产业现代化企业来说,在企业快速发展时,人才保障非常关键。但由于现代建筑工业与住宅产业化是一个新行业,不同于传统的土建行业和构件生产行业,所以现代建筑工业化企业比起单纯的制造厂或建筑公司更特殊、更难管理,也更具风险。单纯从建筑工程技术专业进入现代建筑工业化行业的毕业生,一开始都难以适应现代建筑工业化的技术工作,还需要经过较长时间的磨合与再学习,才能较好地开展工作。建筑工程技术专业的人员缺少建筑部品生产工艺知识,作出的细化图不符合工艺要求,而预制构件专业的人员则缺少建筑构造和建筑力学的基本知识,虽然对部品的生产很清楚,但是对总装形成的整体建筑缺乏了解。由于将现代建筑工业与住宅产业化纳入土建系统,而建筑工业化与土建系统又有着较大差异,造成培养出来的人员不能适应相应工作,项目经理也不能胜任装配式建筑工程的管理。总而言之,目前职业院校尚不能给企业提供对口人才,企业只能择优录取后进行人才再培养。这对现代建筑工业与住宅产业化行业的人才储备和成长发展带来了极大障碍。如果能在职业院校中直接培养这两方面结合得很好的人才,就会逐步解决建筑工业化行业人才短缺的问题。

建筑产业现代化发展的最终目标是形成完整的产业链。投资融资、设计开发、技术革新、运输装配、销售物业等环节共同构成了一条产业链。独木不成林,整个产业链与职业院校的协作配合也是人才培养的关键。通过协作培养优秀专职、兼职教师队伍,制订培养规划、设计培养路线、把握学习培养机制、调整和优化专业结构、开发精品教材等,来逐步开展产业链上不同类型人才的培养。特别是要结合重要工程、重大课题来培养和锻炼师资队伍,通过学术交流、合作研发、联合攻关、提供咨询等形式,走出去、请进来,加强优化教师梯队建设,缓解当前产业高歌猛进,人才缺口成"拦路虎"的局面,也有利于解决短期人才培训和长期人才培养、储备的矛盾。

培养建筑产业现代化复合型人才是一个复杂的系统工程,需要众多要素的协调和配合,要注意面向建筑产业发展的需求,深化产学研合作,构建教学、科研、企业三位一体的教育格局。十年树木,百年树人。面临当前建筑产业现代化人才短缺的窘境,必须遵循人才培养与成长的规律,逐步推进,构建合理有效的建筑产业现代化复合型人才培养体系,把握好当前人才短缺与长期人才培养储备的平衡,为促进国家建筑产业现代化的健康、良性发展贡献力量。

8.4 装配式建筑人才培养解决方案

①职业院校应当针对装配式建筑目前所处的阶段,首先重点解决行业认知层面的问题,认识行业、普及认识、正视问题及矛盾。

②在认知领域,掌握最基本的识图、构件生产、施工工艺。不管将来从事装配式建筑什么岗位工作,识图、构件生产、施工工艺是必须要掌握的最基本的能力。以单项目管理模式的传统现浇工程正在转化为像造冰箱、汽车一样的流水线模式,因此需要普及与工业制造管理相关的知识。

③毕业学生有一部分进入施工单位,需要具备施工进度、场地管理、施工信息化管理、装配式建筑预算造价等工作技能。

④一部分学生毕业进入构件生产厂,其中构件深化设计、模具翻模设计是需求量非常大的两个领域。但目前信息化手段不足,信息化应用程度不高,仍靠传统的二维 CAD 设计加上多年的工作经验积累才能胜任,因此效率非常低。随着装配项目的增多,此方面满足不了社会的需求。

⑤BIM 技术具有天然的技术优势,如果学生能及早掌握拆分设计、深化设计、模具设计、碰撞检测等相关应用技能,在工作 2～3 年后便可在行业的应用难点领域寻求到突破口。

⑥装配式建筑的发展与 BIM 技术的应用息息相关,未来装配式建筑关键节点的突破离不开 BIM 技术的应用与创新。

⑦BIM 技术在装配式建筑上的应用,正是 BIM 在职业院校建筑类专业落地应用之处。

⑧装配式建筑处在初期快速发展阶段,技术更新迭代较快,学校考虑实训教学建设方案时应当避重就轻,避实就虚,便于后期调整与更新迭代。

8.5 案例分析

李尔亚洲总部大楼

2018 年 7 月 30 日,李尔亚洲总部大楼顺利封顶。它是上海装配式建筑示范项目、上海中心城区首个双 T 板结构的装配式建筑、商务楼建造首创项目、杨浦区贯彻国家"一带一路"战略布局项目,亦是杨浦区科创城市定位、智慧城市建设的重大成果。在上海市建设协会主办的 2018 年上海市装配式建筑创新发展论坛中,该项目还荣获了"第五批上海市装配式建筑示范项目"的荣誉称号(图 8.1)。

(1)工程概况

李尔亚洲总部大楼项目是上海外环以内主城区首个采用双 T 板结构型式的装配式建筑项目,没有可借鉴的施工经验,属于上海外环以内主城区商务楼建造首创(图 8.2)。

图 8.1 项目获奖证书

该项目坐落上海中心城区杨浦区，东至江浦路，西至怀德路，南至平盛苑住宅小区，北至长阳路；项目用地面积 7861.8 m²，拟建总建筑面积约 28804.5 m²，采用地下 2 层、地上 11 层的装配整体式混凝土框架结构，预制率≥40％，装配率≥60％，玻璃幕墙采用全玻形式，预制构件包括预制柱、预制梁、预制预应力双 T 板、楼梯段。

图 8.2　李尔亚洲总部大楼效果图

该项目工期紧、任务重，周边建设环境复杂、施工场地狭小，尤其是项目北侧距离上海地铁 12 号线江浦公园站 3 号出入口仅 8 m，对地铁结构的保护要求极高，地处市中心文明施工要求高，无借鉴经验，集各种难点于一身，为工程建设推进带来极大考验。

（2）工程施工

①最大跨度双 T 板运用

双 T 板是板、梁结合的预制预应力钢筋混凝土承载构件，由宽大的面板和两根窄而高的肋组成（图 8.3）。双 T 板具有良好的结构力学性能，明确的传力层次，简洁的几何形状，是一种可制成大覆盖面积、高层、隔层使用的大型承载构件。采用双 T 板，可以减轻建筑物的自重，还可以保持美观和持久性，实现施工周期缩短等经济效果。

该项目双 T 板的跨度为 8 m 左右，结构体系变化大，达 72 个规格，且设计荷载大，没有成熟的案例可参考。据项目经理李志义介绍，该项目创造了上海建科院实验室最大跨度双 T 板试验记录。李尔亚洲总部大楼项目为商办楼，其中地上二层结构设计楼面荷载达到 20 kN/m²，而常规建筑楼板设计荷载不大于 5 kN/m²，是常规的 4 倍。为进一步满足李尔亚洲总部大楼项目的使用需求，项目部采用具有良好结构力学性能的双 T 板。

项目部在上海建科院进行的双 T 板结构性能检测中（图 8.4），双 T 板设计荷载及试验结果远超常规建筑设计荷载，完全满足质量要求，且创造了上海建科院实验室最大跨度双 T 板试验记录（表 8.2）。

图 8.3　双 T 板

图 8.4　双 T 板结构性能检测

表 8.2　李尔双 T 板设计荷载级实验结果表

序号	结构	原设计荷载/kN	试验结果/kN
1	800 mm 肋梁高双 T 板	≥776.0	860.0
2	600 mm 肋梁高双 T 板	≥420.0	580.0
3	450 mm 肋梁高双 T 板	≥316.0	420.0
4	楼梯	≥53.81	246.71

②装配式建筑深化设计＋吊装一体化管理模式

预制构件双 T 板是装配式建筑的体现,对此项目部进行全方位的科学合理筹划,积极探索装配式建筑深化设计＋吊装一体化管理模式,编制了每道工序的技术操作规程和质量管控要求,严格按操作规程施工,使每道工序施工质量处于受控状态,获得了各参观团、考察团的充分认可。

自 2018 年 1 月 16 日开始模具加工到 3 月 2 日首次浇筑双 T 板混凝土,期间经历了将近一个月的春节因素,创造了双 T 板生产的奇迹。双 T 板生产期间,项目部多次邀请预应力混凝土双 T 板国家建筑标准设计图集(08SG432-2)编制负责人同济大学赵勇教授、上海天华设计院李伟兴总工、同济大学李建新教授等专家以及业主、监理人员、设计人员在浇筑过程中进行现场指导,最终双 T 板质量通过验收,并于 4 月份顺利进场吊装(图 8.5)。

图 8.5　双 T 板现场吊装

③"智慧工地"安全保障

李尔亚洲总部大楼项目部联合上海智能交通有限公司利用互联网、物联网等当前先进技术,探索"智慧工地"管控模式,通过智能员工通道、智能视频分析、24 小时全方位监控系统等一系列"智慧"措施(图 8.6 至图 8.8),为项目安全施工提供了又一道"保险"。

④BIM"上线",从设计到施工无缝对接

针对预制板件如双 T 板、梁安装的过程中安放精度等问题,李志义经理提到了 BIM 技术的运用,项目采用 BIM 三维模型来体现现场临建的位置与空间变化。同时利用 BIM 技术对预制构件吊装进行模拟(图 8.9),逐层模拟预制柱、双 T 板、梁的安装,确保施工过程中预制构件安放的精度、塔吊运行的半径,并及时发现模拟中存在的问题,实现了吊装的全程跟踪,确保了构件吊装的安全。BIM 技术贯穿设计、施工准备、构件预制、施工实施等各阶段,使各工序能够无"缝"对接,提高了工程的建设效率。

图 8.6　人脸识别人员管理系统

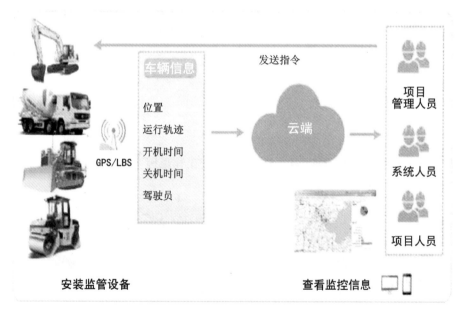

图 8.7　实时跟踪车辆进出信息

（3）项目成果

李尔亚洲总部大楼项目团队尽管年轻却充满拼劲,他们用兢兢业业的工作态度、精益求精的工作理念、勇于担当的先锋精神、凝心聚力的团队协作,坚守自己的岗位,绽放精彩。在项目两年的建设过程中,先后获得了上海市装配式建筑示范项目、上海市建设工程绿色施工达标工程、杨浦区文明工地、区绿色工地、区优质结构、明星工地等荣誉。

图 8.8　安全管理

图 8.9　BIM 技术施工模拟

　课后练习题

1. 装配式建筑目前存在的问题有哪些？
2. 传统设计院较难承接装配式项目的深化设计工作原因主要有哪些？
3. 装配式建筑人才需求如何？

项目 9　BIM 与装配式建筑

知识目标：掌握 BIM 的概念、7D-BIM 包含的内容；了解与 BIM 相关政策和标准。

技能目标：掌握装配式建筑物联网系统的组成；掌握 BIM 技术在装配式建筑中的应用，包括在构件生产和构件安装过程中的应用。

素养目标：培养学生运用新技术、新工艺和信息化手段的能力，努力让学生在科技创新和产业升级应用方面不断提升能力。

思政元素：鲁班精神的本质是科学精神，其核心内容包括尊重科学的态度、敢于创新的勇气、自我反省的魄力和乐于奉献的胸怀。学习鲁班精神有助于提高整个中华民族的科学精神，形成尊重科学、勇于创新、乐于奉献的社会风气，通过增强科技实力从而提高中国的综合竞争力，最终实现中华民族的伟大复兴。

新时代鲁班精神——传承规矩、创新创造、专注专研、精益求精。结合近年来对鲁班精神的研究和当前新旧动能转换、高质量发展的要求，进一步传承、弘扬鲁班科技创新和工匠精神。

鲁班软件创始人杨宝明博士是同济大学董事，曾在工程项目一线担任项目经理，与泥水匠、木匠、钢筋工、水电工一同摸爬滚打，积累了丰富的一线工作经验。在鲁班工匠精神及创新精神的启发下，杨宝明决议辞去国企公职，创建新时代的鲁班，为数字时代的建筑行业提供工程数据管理工具。

实现形式：运用榜样示范法、小组讨论探究法、情景教学法、案例分析法、类比教学法、理论与实践相结合的教学法等进行课堂教学。

9.1　BIM 简介

9.1.1　BIM 的概念

BIM(Building Information Modeling)，即建筑信息模型，是以建筑工程项目的各项相关信息数据作为模型的基础，进行建筑模型的建立，通过数字信息仿真模拟建筑物所具有的真实信息(图 9.1)。它具有信息完备性、信息关联性、信息一致性、可视化、协调性、模拟性、优化性和可出图性八大特点。BIM 技术被国际工程界公认为建筑业生产力革命性技术，即在建筑设计、施工、运维过程的整个或者某个阶段中，应用 3D(三维模型)、4D(三维模型＋

时间）、5D（三维模型＋时间＋投标工序）、6D（三维模型＋时间＋投标工序＋企业定额工序）、7D（三维模型＋时间＋投标工序＋企业定额工序＋进度工序）的信息技术，来进行协同设计、协同施工、虚拟仿真、工程量计算、造价管理、设施运行的技术和管理手段。可以说BIM就是一个7D结构化数据库，它将数据细化到构件级别，甚至到材料级别。应用BIM技术可以消除各种可能导致工期拖延的设计隐患，提高项目实施中的管理效率，并且促进工程质量和资金的有效管理。

图 9.1　3D 建筑信息模型

例如鲁班 BIM 创建 7D·BIM，即 3D 实体、1D 时间、1D·BBS（投标工序）、1D·EBS（企业定额工序）、1D·WBS（进度工序），通过建造阶段项目全过程管理，提高精细化管理水平，大幅提升利润、质量和进度，为企业创造价值，打造核心竞争力。

9.1.2　与 BIM 相关政策和标准

为贯彻落实国务院推进信息技术发展的有关文件精神，住房和城乡建设部于 2015 年 6月 16 日发布了《关于推进建筑信息模型应用的指导意见》（建质函〔2015〕159 号），为普及应用 BIM 技术提出了明确要求和具体措施。住房和城乡建设部于 2016 年 8 月 23 日印发了《2016—2020 年建筑业信息化发展纲要》，旨在增强建筑业信息化发展能力，优化建筑业信息化发展环境，加快推动信息技术与建筑业发展深度融合。2016 年 12 月 2 日，住房和城乡建设部发布第 1380 号公告，批准《建筑信息模型应用统一标准》为国家标准，编号为 GB/T51212—2016，自 2017 年 7 月 1 日起实施。作为一部建筑信息模型应用的国家标准，提出了建筑信息模型应用的基本要求，是建筑信息模型应用的基础标准，可作为我国建筑信息模型应用及相关标准研究和编制的依据。近年部分 BIM 相关政策和标准见表 9.1。

表 9.1　BIM 技术相应政策和标准

发布部门		政策或标准
国家	水利部	《关于加强重大水利工程数字孪生项目设计的通知》（办规计〔2022〕323 号）
	国务院	《质量强国建设纲要》，其中第六章"提升建设工程品质"提出加快建筑信息模型等数字化技术研发和集成应用，创新开展工程建设工法研发、评审、推广

发布部门		政策或标准
部分省市	上海市	《关于进一步加强上海市建筑信息模型技术推广应用的通知》(沪建建管〔2017〕326 号)
	广东省	《关于征求深圳市〈建筑信息模型语义字典标准(征求意见稿)〉〈建筑信息模型审批子模型标准(征求意见稿)〉意见的通知》
	辽宁省	《关于促进建筑业高质量发展的意见》(辽政办发〔2020〕8 号),并对龙头及新落户企业实施奖励政策,充分发挥工程总承包和 BIM 正向设计在推广装配式建筑中的基础性作用,研究制定相应鼓励和约束政策

9.2 BIM 技术在装配式建筑中的应用

在装配式建筑中采用 BIM 技术,可以打通装配式建筑深化设计、构件生产、装配施工环节等全产业链的 BIM 技术应用,并实现 B1 交付、数据共享。

目前,很多装配式建筑工程在深化设计、构件生产、装配施工等过程中尝试应用 BIM 技术。在预制构件深化设计阶段,应用 BIM 技术建立丰富的预制构件资源库,提高深化设计效率;在预制构件加工阶段,在预制工厂、运输途中和施工现场之间,应用物联网技术对预制构件的加工信息、库存信息、运输信息和现场堆放信息进行有效管理;在现场安装阶段,研发和应用基于 BIM、物联网的预制装配式施工现场管理系统,突破地域、时间界限,对施工现场的各种生产要素进行合理配置与优化。

9.2.1 BIM 技术在预制构件生产过程中的应用

预制构件生产环节是装配式建筑建造中特有的环节,也是构件由设计信息转化为实体的阶段。为了使预制构件实现自动化生产,需要将 BIM 设计信息直接导入工厂中央控制系统,并转化成机械设备可读取的生产数据信息。通过工厂中央控制系统将 BIM 模型中的构件信息直接传送给生产设备自动化精准加工,提高作业效率和精准度。工厂化生产信息管理系统可以结合无线射频识别技术与二维码等物联网技术及移动终端技术实现生产排产、物料采购、模具加工、生产控制、构件质量、库存和运输等信息化管理。

物联网的核心技术是无线射频识别(RFID)技术,它是一种非接触式的自动识别技术,通过射频信号自动识别目标对象并获取相关数据,识别工作无须人工干预,可工作于各种恶劣环境,RFID 技术可同时识别多个标签,操作快捷方便(图 9.2)。在国内,RFID 技术已经在身份证、电子收费系统和物流管理等领域有了广泛应用。

装配式建筑物联网系统是以单个部品(构件)为基本管理单元,以无线射频芯片(RFID 及二维码)为跟踪手段,以工厂部品生产、现场装配为核心,以工厂的原材料检验、生产过程检验、出入库、部品运输、部品安装、工序监理验收为信息输入点,以单项工程为信息汇总单元的物联网系统。

该系统是集行业门户,企业认证、工厂生产、运输安装、竣工验收、大数据分析、工程监理等为一体的物联网系统,可以贯穿装配式建筑施工与管理的全过程,实际从深化设计就已经

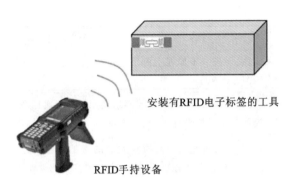

安装有RFID电子标签的工具

RFID手持设备

图 9.2　无线射频识别(RFID)技术示意图

将每个构件唯一的"身份证"——ID 识别码编制出来,为预制构件生产、运输存放、装配施工(包括现浇构件施工)等一系列环节的实施提供关键技术基础,保证各类信息跨阶段无损传递、高效使用,实现精细化管理,实现可追溯性。在构件生产制造阶段,需要对构件置入RFID 标签,标签内包含有构件单元的各种信息,以便于在运输、存储、施工吊装的过程中对构件进行管理。由于装配式建筑所需构件数量巨大,要想准确识别每一个构件,就必须给每个构件赋予唯一的编码。所建立的编码体系不仅能唯一识别单一构件,而且能从编码中直接读取构件的位置信息。因而施工人员不仅能自动采集施工进度信息,还能根据 RFID 编码直接得出预制构件的位置信息,确保每一个构件安装的位置正确。

9.2.2　BIM 在构件安装过程中的应用

在装配式建筑构件安装阶段,BIM 技术与 RFID 技术结合可以发挥较大作用,如构件存储管理、工程进度控制等方面。在装配式建筑施工过程中,通过 BIM 技术和 RFID 技术将设计、构件生产、装配施工等各阶段紧密联系起来,不但解决了信息创建、管理、传递的问题,而且 BIM 模型、三维图纸、装配模拟、采购、制造、运输、存放、安装的全程跟踪等手段为工业化建造方法的普及奠定了坚实的基础,对于实现建筑工业化有极大的推动作用。

(1)装配施工阶段构件管理

装配式建筑施工管理过程中,应当重点考虑两方面的问题:一是构件入场的管理,二是构件吊装施工中的管理。在此阶段,以 RFID 技术为主追踪监控构件存储吊装的实际进程,并以无线网络即时传递信息,同时配合 BIM 技术,可以有效地对构件进行追踪控制。RFID技术与 BIM 技术相结合的优点在于信息准确丰富,传递速度快,减少人工录入信息可能造成的错误,使用 RFID 标签最大的优点就在于其无接触式的信息读取方式,在构件进场检查时,甚至无须人工介入,直接设置固定的 RFID 阅读器,只要运输车辆速度满足条件,即可采集数据(图 9.3)。

(2)工程进度控制

在进度控制方面,BIM 技术与 RFID 技术的结合应用可以有效地收集施工过程进度数据,利用相关进度软件,如 P3、MS Project 等,对数据进行整理和分析,并可以对施工过程应用 BIM·7D 技术进行可视化的模拟。然后,将实际进度数据分析结果和原进度计划相比较,得出进度偏差量。最后,进入进度调整系统,采取调整措施加快实际进度,确保总工期不受影响。在施工现场中,可利用手持或固定的 RFID 阅读器收集标签上的构件信息(图 9.4),管理

图 9.3 预制构件进场追踪示意图

(a)加工厂堆场;(b)项目部大门口;(c)项目部堆场;(d)运输途中

人员可以及时地获取构件的存储和吊装情况的信息,并通过无线感应网络及时传递进度信息(图 9.5)。获取的进度信息可以以 Project 软件 mpp 文件的形式导入 Navis-works Manage 软件中进行进度的模拟,并与计划进度进行比对,可以很好地掌握工程的实际进度状况(图 9.6)。

图 9.4 手机端构件信息收集

图 9.5　RFID 手持设备构件信息扫描

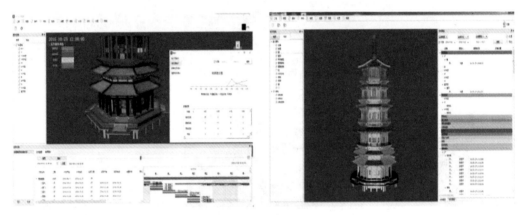

图 9.6　进度协同

（3）成本管理

在工程项目施工过程中，施工预算、施工结算、合同管理、设备采购等工作可应用 BIM 技术进行相关记录和分析。在施工成本管理 BIM 应用中，根据 BIM 施工模型、实际成本数据的收集与整理，创建 BIM 成本管理模型，将实际发生的材料价格、施工变更、合同签订、设备采购等信息与 BIM 成本管理模型关联及模拟分析，将统计及分析出的构件工程量、施工预算信息、施工结算信息等分别存储至 BIM 云平台，以方便项目各参与方查看。用于工程造价的 BIM 软件就是指 BIM 技术的 7D 应用，它利用 BIM 模型的数据进行工程量统计和造价分析，也可以依据施工计划动态提供造价管理需要的数据。目前，国内 BIM 造价管理软件用得较多的有鲁班算量计价软件、广联达算量计价软件等。

（4）质量管理

通过 BIM 技术创建的 BIM 模型中存储了完整的建筑信息，所有构件的材质、尺寸和空间位置都能够清晰地显示在模型中，并且可以对建筑模型进行装修，未施工前，整个项目的最终模型就能呈现在各参与方面前，极大地消除了各参与方对项目外观质量和装修效果的目标冲突。利用 BIM 平台可以动态模拟施工技术流程，建立标准化工艺流程，保证专项施工技术在实施过程中细节上的可靠性，再由施工人员按照仿真施工流程施工，可以大大减少施工人员各工种之间因为相互影响出现矛盾等情况的出现。

9.3　案例分析

基于 BIM 技术的装配式建筑智慧建造

（1）建筑行业智慧建造成为必然

我国建筑业作为劳动密集型传统行业，一直延续着粗放型建造模式，信息化程度较低，工程相关信息仍以纸质形式保存，信息搜索难度大，参建各方不能进行有效的信息共享，也不能协同运作，造成极大的资源浪费。随着 BIM、物联网、大数据和云计算等新型信息技术的发展，在技术上已经可以实时、精确、高效地交换和共享工程建造过程中的大量信息。利用 BIM 等技术，推动建筑行业信息化，对解决工程建造中的信息孤岛、实现参建各方协同运作，进而实现智慧建造，可起到极大的作用。

①BIM 将成为集成时代的主要技术表达

按照计算机技术的发展脉络，可将建筑的设计和建造过程划分为人工时代、键盘时代和集成时代（图 9.7）。BIM 技术可使整个建筑全生命周期各专业的数据得到有效集成，已成为集成时代的主要技术表达。

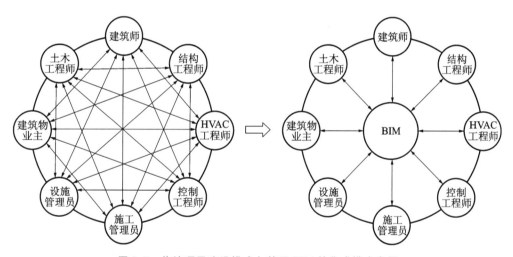

图 9.7　传统项目建设模式向基于 BIM 的集成模式发展

②BIM 技术在项目各阶段的应用

A. 策划阶段：整体布置、智能规划。

B. 设计阶段：优化建筑性能，创造高舒适度环境，提高建筑价值。

C. 施工阶段：减少设计变更，优化施工顺序，提高施工质量，减少浪费。

D. 运维阶段：建立物业资产管理数据库，智能设备，应急处理，3D 空间租售。

在建筑全生命周期应用 BIM 技术，可更好地提高设计质量、更好地进行施工管理、更好地进行运维管理（图 9.8）。

③BIM 模型专业划分

以建筑工程为例，BIM 模型的专业划分如图 9.9 所示。

④基于 BIM 的设计协同整合

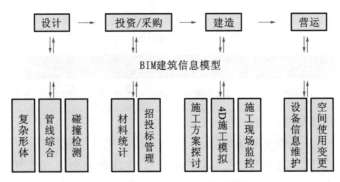

图 9.8　BIM 技术在建筑整个生命周期的应用

图 9.9　建筑工程 BIM 模型的专业划分

以建筑工程为例,利用 BIM 总体模型,将建筑、结构、机电等各专业协同在一起,发现问题及时沟通、协调,实现各专业无缝对接(图 9.10)。

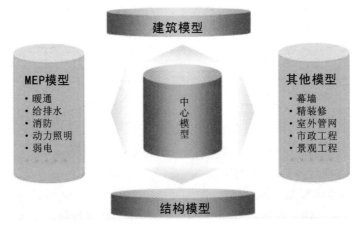

图 9.10　基于 BIM 的设计协同整合

⑤BIM 转变建筑业的建造模式

在施工阶段,运用 BIM 技术进行施工深化、管线综合。同时,借助 BIM 技术进行施工模拟、进度管控与成本控制。通过施工过程全方位的信息化管理,可大幅度提升施工质量,减少施工浪费,省省工程投资。

⑥BIM 推动工程建设项目的精细化管理

建筑业企业在接到建设项目后,通常的做法是组建临时工程项目部,在现场组织大量工人进行施工。由于项目复杂,加上专业分包单位又多,施工人员多,设备也多,施工管理混杂,难度很大。运用 BIM 技术进行系统集成,可推进总包单位与各分包单位之间经营管理的集约化。可使建筑业等同于制造业,做到生产工艺流水化、产品制作标准化、建造方式模块化。

⑦BIM 应用的效益评估

美国斯坦福大学对 32 个 BIM 应用项目进行统计,得到采用 BIM 技术可获得的效益如下:消除 40％预算外更改;造价估算控制在 3％精确度范围内;造价估算耗费的时间缩短80％;通过发现和解决冲突,将合同价格降低 10％;项目工期缩短 7％;及早实现投资回报。

⑧BIM 技术应用瓶颈

A. 建筑业规模庞大,要在短时间内,让众多从业者接受 BIM 技术,难度很大。

B. 建筑行业的流程比较碎片化,要应用 BIM 技术,则需要将工作流程集成化。

C. 在设计阶段,因为没有额外的费用,设计人员并不关心 BIM 建模。设计师不愿意去考虑后续施工企业对 BIM 模型的需求,认为增加了与自己业务无关的信息,既无义务也无回报,担心一旦输入错误的 BIM 信息,还必须承担设计师难以担负的责任。

D. 由设计单位传来的 BIM 模型,施工企业对模型正确性、细致性、全面性、及时性等存在疑虑。

⑨基于 BIM 的智慧建造

A. 智慧建造的内涵。建筑业走可持续发展道路,在整个建造过程中,高效利用各类资源,实现低碳节能,最大限度节约资源、保护环境和减少污染。利用先进的信息技术手段,实现整个建造过程的智慧化,各方主体协同工作,信息数据有效共享,企业管理精细科学,建造模式集约高效。

B. 智慧建造的技术支撑:五维的 BIM 建模,即 5D(BIM 模型)＝3D 实体＋1D 时间＋1D 成本。基于大数据、云计算的项目工程基础数据协同、集成。建筑、结构、机电、安装等各专业 BIM 模型综合、仿真及碰撞检查。基于云计算的 BIM 模型管理、共享、可视化及虚拟建造。基于移动数据平台和物联网的 BIM 建造监管、运维管理及现实体验。

C. 装配式建筑顶层设计提速。装配式建筑具有降耗、节材、节省工期、减少建筑垃圾等优势(图 9.11),以标准化设计、工厂化生产、装配化施工、装配化装修和信息化管理为典型特征,而从信息化管理角度,注意培养 BIM 专门人才,注重 BIM 技术在装配式建筑中的应用成为必然。

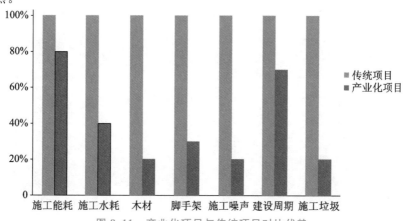

图 9.11   产业化项目与传统项目对比优势

　　与传统项目相比,装配式建筑设计与施工更注重对质量、成本、工期、效果与环保的综合评价,在深化设计、构件制作、施工吊装过程中,尤其需要系统综合集成,BIM 技术已成为提升建造品质的重要手段。工业化建筑评价体系如图 9.12 所示。

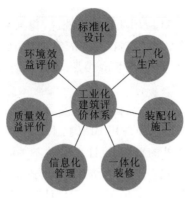

图 9.12　工业化建筑评价体系

 课后练习题

　　1.简述 BIM 的概念及 7D·BIM 包含的内容。

　　2.简述 BIM 相关政策和标准。

　　3.简述装配式建筑物联网系统的原理。

　　4.简述 BIM 在构件安装过程中的应用范围。

参考文献

［1］住房和城乡建设部.预制混凝土剪力墙外墙板：15G365-1［S］.北京：中国计划出版社,2015.

［2］住房和城乡建设部.预制混凝土剪力墙内墙板：15G365-2［S］.北京：中国计划出版社,2015.

［3］住房和城乡建设部.装配式混凝土结构表示方法及示例（剪力墙结构）：15G107-1［S］.北京：中国计划出版社,2015.

［4］住房和城乡建设部.预制钢筋混凝土板式楼梯：15G367-1［S］.北京：中国计划出版社,2015.

［5］住房和城乡建设部.预制钢筋混凝土阳台板、空调板及女儿墙：15G368-1［S］.北京：中国计划出版社,2015.

［6］住房和城乡建设部.装配式混凝土结构住宅建筑设计示例（剪力墙结构）：15J939-1［S］.北京：中国计划出版社,2015

［7］住房和城乡建设部.装配式混凝土建筑技术标准：GB/T 51231—2016［S］.北京：中国建筑工业出版社,2017.

［8］尤一泓.中职学校建筑专业人才培养现状与人才培养模式改革思考［J］.教师,2021（30）：102-103.

［9］张彦辉.创新装配式建筑人才培养模式助力区域建筑产业转型升级［J］.居业,2021（10）：79-80.

［10］杜园元,葛贝德,张建华.基于BIM技术的装配式建筑专业人才培养模式的发展［J］.无线互联科技,2020(18)：142-143.

［11］刘晓晨,王鑫,李洪涛,等.装配式混凝土建筑施工［M］.4版.重庆：重庆大学出版社,2023,11.

［12］司振民,王刚.装配式混凝土结构识图［M］.2版.北京：中国建筑工业出版社,2023,10.

［13］刘晓晨,王鑫,李洪涛,等.装配式混凝土建筑概论［M］.重庆：重庆大学出版社,2018,8.